「九回二死からの逆転」

赤字家業の再生物語

河村厚志
KAWAMURA ATSUSHI

幻冬舎MC

「九回二死からの逆転」

赤字家業の再生物語

はじめに

経営資源であるヒト・モノ・カネが乏しい中小企業は、景気悪化やコストの高騰などによって真っ先にカネの問題に見舞われます。平時であっても、モノの面では設備投資やＤＸなど技術革新が遅れやすく、ヒトの面では人手不足や後継者不足といった問題を慢性的に抱えています。景気悪化懸念、デジタル化対応、人口減少は中小企業にとって三重苦であり、これらが重くのしかかるコロナ禍以降の社会では、すべての中小企業が倒産予備軍といっても過言ではありません。

実際、国などによるコロナ禍対策の補助や支援が手薄になっていくにつれ、中小企業の倒産件数は増えています。国税庁が公表している「国税庁統計法人税表（２０１９年度）」によると、日本企業の３分の２は赤字経営であり、そのほとんどが中小企業です。

私自身、30代で2つの事業を立ち上げ、どちらも失敗しています。お金と自信を失い、一時は仕事をする熱意も生きていく希望すらも失いました。その後、いわば9回裏2死走者なしの状態で、大阪にある家業の縫製工場に入社しますが、この会社もすでに債務超過でした。そもそも国内の縫製業界は衰退しています。ファストファッションの流行以来、洋服は海外の工場で作るのが当たり前になり、大阪郊外の小さな工場には仕事がまったく入ってきません。３Ｋとまではいかないまでも、安月給と長時間労働が常態化している業界ですから人材の獲得も難しいのです。

ラストチャンスと覚悟を決めた家業は予想を上回る厳しい状況でしたが、私にはもうあとがありませんでした。どうにかして父から引き継いだ会社と、自分の人生を立て直すしかないと考えて、最後のチャンスにかけたのです。カネはありませんしモノは老朽化しているので、どうにかできるのはヒトだけです。そこで私はヒトに焦点を当てて、自分を変え、社員を変えることに全力を注ぎました。まずは他責思考だった自分と従業員の姿勢を改め、仕事にやりがいを感じられない人にはビジョンを示し、働く目的を見失っている人とは理念を共有するといった取り組みをコツコツと積み重ねました。一方で、経営幹部だった親を更迭し、変わろうとせず周囲に悪影響を与えているベテラン社員には辞めてもらうなど大胆な改革も実行しています。その結果、いつ潰れてもおかしくなかった会社はＶ字回復し、成長ステージの会社に生まれ変わることができたのです。

この経験からいえるのは、どんな赤字会社も、窮地に追い詰められている経営者本人も、変わりたいという強い思いと、その思いに紐づく行動によって変わるということです。本書は斜陽産業の赤字会社が抱えていた課題と、課題解消のために行ってきた施策をまとめています。事業再生に悩んでいる中小企業の経営者にとって、この本が希望の光となればこれ以上にうれしいことはありません。

目次

第1章

資金、人脈、自信はゼロ ラストチャンスは赤字まみれの家業承継

第2章 閑散期が長過ぎる洋服縫製工場の実態……経験・知識ゼロで挑んだ新規事業開拓

第3章 無断欠勤、突然の退職は当たり前の職場……問題だらけの社内環境にメスを入れる

第4章 働く目的・目標もなく指示待ちの社員たち……10の社内ルールを徹底させ黒字経営を実現する

第5章 コロナ禍でまさかの売上70%ダウン……ニーズを先取りして売上15倍のV字回復を達成

第6章 社員一人ひとりに〝セルフマネジメント〟の文化が浸透すれば倒産寸前の赤字企業でも再建できる

序章

30代で迎えた9回裏2死のピンチ

「失敗した」という経験

「いったい、どこで道を間違えたのだろうか……」

私は誰も来ない店の座敷に寝転がり、天井を見上げながら自分の現状をふと考えていました。念願だったお好み焼き屋を5年前にオープンし、開店当初はそれなりに繁盛していました。しかし1年も経つ頃には客足が遠のき始め、売上は目に見えて減っていったのです。

ピークの時間帯になっても客は来ず、暇を持て余したアルバイトを早めに帰すことは日常茶飯事でした。週末だと多少は客が増え、月の売上は100万円に届くかどうかといったラインでした。まとまった売上のように思うかもしれませんが、食材の仕入れ代、家賃や光熱費、従業員の給料を支払うと手元に残るお金はわずかです。開店費用に充てた借金の返済もあるため、通帳口座の数字はみるみる減っていきます。妻や子どもも養わなければならず、欲しいものはろくに買えません。日々の生活が次第に困窮していくなかで「廃業」という選択が日々現実味を帯びていきました。

まったく好転しない現実を憂い、私は自分の情けなさを嘆きました。つい数年前に友人らと立ち上げたパソコンサービスの会社を潰したばかりです。もはや自分には経営の能力がないのではないかと思わざるを得ません。自分の未来は、これからもずっと真っ暗なのではないか……。絶望的な気持ちでただため息をつく日々を送り、もはや希望も見いだせませんでした。

現在、私の肩書はマスクや医療用防護服などを作る縫製会社の社長です。コロナ禍の追い風もあって２０２１年には過去最高となる年商25億円を達成し、何不自由なく生活ができていますが、10年前は本当にどん底にいました。必ずうまくいくはずだという根拠のない自信のみで突き進み、パソコンサービスの事業で一度失敗し、さらに5年後には飲食店経営でつまずきました。

30代で2度の事業失敗――。もはや目も当てらない惨状といっても過言ではないと思います。それまでに築き上げてきたお金や人脈、そして自信もすべて失ってしまいました。そんな絶体絶命の状況で赤字家業の承継を決断し、再生に向けて必死に取り組んできた足跡が、今日までの10年です。

私の話を聞いて30代で2度も事業に失敗するなんて、なんて回り道だと笑う人もいると思います。しかし、父から受け継いだ倒産寸前の縫製会社をわずか5年で黒字化させ、コロナ禍においても売上15倍を達成したのはたんなる偶然ではありません。

再生への確固たる決意と、これまでの挫折などから学んだ知見が活きたからこそ成し遂げることができたのです。そう振り返れば、30代で2度廃業したことは決して失敗ではなく、現在地にたどり着くまでの必要な経験だったと思えるのです。

30代で味わった2度の挫折

学生の頃からアルバイトとして勤務していたファストフード店に大学卒業と同時に入社すると、2年後には店長になりました。自分でいうのもおかしいのですが、店長のなかでも優秀なほうだったと思います。実際、歴代最年少の店長として何十人ものアルバイトを束ねて売上を伸ばし、その実績を評価されて会社から何度も表彰されました。

一方で、当時世の中はＩＴバブル全盛期でした。時代の寵児として若い社長たちがマスコミにも取り上げられるようになり、若気の至りから自分もＩＴ業界でビジネスを始めたいと思い、友人らと4人でパソコンサービスの会社をつくったのです。しかし、素人同士で立ち上げた会社ですから戦略も存在せず、経営が苦しくなると仲たがいをするようになって、結局は空中分解を起こしてわずか2年で廃業することになりました。

その後、再起の舞台として飲食業を選びましたが、それはファストフード店での勤務経験があったからです。店長経験もあるため飲食店経営で必要なコスト管理、店舗運営、スタッフ教育のノウハウがあります。飲食店経営の基本ともいえるQSC（Q・クオリティ、S・サービス、C・クレンリネス）についても十分に理解していると考えていました。

人気のお好み焼き店にするためにはおいしい粉とソースが必要です。そこで目を付けたのが地元・大阪の繁華街にあるお好み焼き店でした。その店は昼から夜中までずっと満席で、並ばずに入れることがないくらいの人気店です。この店で修業をすれば自分も人気店をもてるはずだと考えて粉とソースを分けてもらいたいと申し出て、アルバイトとして修業することにしたのです。

お好み焼き屋を閉じたくない理由が一つあるとすれば、このときのつらい修業を耐え抜いた経験を捨てたくないという思いがあることです。アルバイトをしながら学ぶという目論見は悪くなかったと思います。1年で人気店の味が手に入るならアルバイトでもなんでもやりますし、ファストフード店での経験がある私には余裕だろうと思いました。

しかし、これが誤算でした。ファストフードのチェーン店と個人が切り盛りしている飲食店とはまったく違うのだなと実感しました。

チェーン店の仕事は和気あいあいとしていましたが、修業先に選んだ店は客がひっきりなしに来店するため厨房も洗い場も戦場そのものです。少人数ですから調理から皿洗いまで一人で何役もこなさなければなりませんし、オペレーションの手順やシステムのようなものもありません。

私より5歳ほど年上のオーナー店主は中卒で起業して成功した人で、人に教えるのが苦手なタイプでした。見て覚えろというタイプの職人気質で、具体的なことは何も教えてくれません。新人アルバイトである私への叱責も厳しく、時代が違えばパワハラで問題になりそうなくらい厳しい指導でした。

アルバイト初日は、お昼から店に入り、ようやく休憩をもらったのが夜の10時くらいでした。「新人、飯、食ったんか?」と先輩アルバイトに聞かれ、食べていないと答えると、「ほな、これ食っとけ。20分で戻ってこい」とまかないのお好み焼きを1枚渡されます。出来立てのお好み焼きを抱え、逃げるようにして裏口から外に出ました。

誰も通らない暗がりのなか、小さなスペースを見つけてしゃがみ込むと、その瞬間にボロボロと涙がこぼれ出しました。私はもともと涙もろいほうですが、このときは本気で泣きました。

ただ存在しているだけの自分

翌日から私はこのアルバイトを〝刑期〟と考えることにしました。辞めたい気持ちはありましたが、辞めたところでほかに起業のアテはありません。すでにパソコンサービスの会社を潰していますし、そう何度も起業のチャンスが訪れることもありません。

期待もありました。どうにか刑期を耐え抜けば晴れてオーナーとして自由に楽しく仕事ができます。人気店オーナーとして輝ける日々が待っています。

そんな未来を想像して、何がなんでもこの機会を活かそうと決めました。そして〝出所〟の日を指折り数えながらつらい仕事と仕打ちに耐え、無事に1年後に成功のカギである粉とソースを手に入れることができたのです。

振り返ってみれば、このときの私は夢にすがっていました。経営者になる夢をもつのは良いことだと思いますが、私はその夢が必ず叶うものだと過信していたのです。

このような苦行を耐え抜いた末、自信満々で開いたお好み焼き屋でした。飲食店経営のノウハウはすでにあり、客を魅了する粉とソースもそろいました。しかし、店は人気店にはならず、売上は減り続けています。

テレビの取材でも来れば客が殺到することもありますが、これという特徴のない店に取材が来るはずもありません。もし全国的なお好み焼きの大ブームが到来し便乗できたとしても、それも望み薄でした。

成功する人は、結果を出す人です。または、そのために行動できる人であり、行動を継続できる人であり、行動する気持ちがある人です。

当時の私はどれにも当てはまりません。自分はただここに存在しているだけのような気がしました。息を吸ってご飯を食べて寝るだけの存在であるように感じ、実際、そういう存在になっていました。

いっそ潰れたほうがラクになれるかもしれない、そんなことを考えながら有線の音楽が虚しく響く店のなかで、私はぼんやりと天井を見つめていることしかできなかったのです。結局、そのような状況から打開策を見いだすことはできず、オープンから5年後に廃業を決断しました。

一度事業に失敗し、さらに念願の飲食店をオープンするもわずか数年のうちに廃業――。これが私の30代でした。資産も人脈も自信も、本当に何もかも失ってしまった私は、まさに「9回2死」の境地に立たされたのです。

第1章
資金、人脈、自信はゼロ
ラストチャンスは
赤字まみれの家業承継

父からの電話

父から電話が掛かってきたのは、冷たい風が吹く10月の寒い日の昼間でした。その日は店が休みだったため、私は自宅近くの公園のベンチに座り、遊具で遊んでいる親子を見たり、近寄ってきたり離れていったりするハトを眺めたりしていました。

「どないや?」電話口で父が聞きます。

「ぼちぼちちゃうか」

実際には「ぼちぼち」ではなく「ぎりぎり」でしたが、なんとなくそう答えました。店がうまくいっていないことは父も分かっていたはずです。苦しいともつらいとも伝えていませんが、父はたまに店に来てくれていましたし、友人を連れてきてくれることもあります。そのときの店の様子や私の表情などから、苦労していることは分かっていたと思います。父も経営者ですから、経営に浮き沈みがあることも身をもって分かっていました。

父は大阪で縫製工場を経営しています。父が社長、母が専務を務めている従業員が30人くらいの小さな町工場で、規模は私の店より大きいのですが、経営状態はぎりぎりでした。

「ところで、相談があるんやけどな……」父は少しトーンを落とし、そう言いました。内容は、中小企業によくある社長の高齢化と後継者不足の問題でした。

父は65歳になり、世の中では定年退職の年齢です。父自身は経営者ですから定年はありませんが、取引先は後継者のことを気にします。父が仕事を受注している会社には取引先選定の監査があり、後継者がいない会社とは安心して取引ができないということで、早急に後継者候補を探さなくてはならないということでした。

父の選択肢は二つです。一つは、父の代で会社を閉じる選択です。その場合は従業員に辞めてもらったり引き受けている仕事を整理したりする必要があります。または、M&Aで従業員を含めて会社ごと売却する方法もあります。

もう一つの選択肢は後継者候補を探して取引と会社を存続させる方法です。ただ、縫製業は斜陽ですし、父の会社の経営も右肩下がりのはずです。業績回復の見込みがなければ後継者が見つかったとしても遅かれ早かれ会社を閉じることになるし、そのような会社を引き継ぐ奇特な人を探すのも至難の業です。

後継者となる可能性があるとすれば私です。そこで、縫製の会社を継ぐ気はないかと電話を掛けてきたというわけです。

考えたことがなかった選択肢

一般的には、経営者は自分の子どもに会社を継がせようと考える人が多いのだと思います。知識や経験を身につけさせるために業界内の会社で働かせる人もいます。

父はそこが違い、このときまで一度も家業を継いでほしいなどと言ったことはありません。「やりたいことをやれ」が父の方針で、家業というプレッシャーがなかったからこそ、私は飲食業界で働いたり起業を目指したりしてきました。

そもそも私も家業を継ごうと考えたことがありません。なぜなら縫製業界が斜陽産業であることを昔から知っていたからです。幼い頃から父や母が資金繰りに頭を悩ませている姿を見てきました。工場も何度か見たことがあり、3Kとまではいかないまでも、都市部の企業のようなキラキラした職場とは雲泥の差がある職場だと知っています。

客観的な評価としても、あるとき読んだ週刊誌に業種別の年収ランキングがあり、あらゆる業種のなかで縫製業界の年収が最下位だったのを見たことがあります。衝撃的だったのは、大手企業や著名なIT企業などの平均年収が1000万円近くある一方で、縫製業界の平均年収が

200万円台だったことです。月給にして20万円ほどしかなく、しかも何十年もずっと上がっていません。

そのような予備知識がいくつもあったため、私は家業を継ぎたいと思ったことは一度もなく、縫製工場の息子という点以外に家業との接点はないと思って生きてきたのです。

父もおそらく私が継ぐとは思っていなかったと思いますが、65歳になって家業の存続について考えなければならないタイミングが来ました。30年超にわたって切り盛りしてきた会社ですから、いざ閉じるとなると果たしてこれでいいのかと考え、そこで私に聞いてみたのだと思います。

ひととおり事情を説明して、父は「ちょっと考えへんか?」と言いました。私はとりあえず考えてみると答え電話を切り、父の老いをあらためて感じました。私のイメージする父は、ずっと若く、ずっと元気で働いている父です。悩みごとなどなく、少し遠くから私を見守ってくれている存在です。

しかし、当たり前のことですが、親も年を取ります。後継者がいないと仕事ができなくなるという話を聞いて、親が引退する年齢になったのだと感じ、同時に、自分もいつの間にか親の面倒を見たり会社を継ぐかどうか考えたりしなければならない年齢になったのだと実感したのです。

他人の人生を背負う責任

飲食店をやめるという選択肢が急に現実的になりました。今までは投げやりな気持ちでやめてもいいと思っていましたが、やめてどうするのかが分からず、やめられませんでした。

しかし、今は家業を継ぐという現実的な選択肢があります。自分の現状が変わるかもしれない新たな道が現れたことで私は真剣に自分の今後について考え、惰性で生きているような今の人生を変えるための方法を真剣に考えるようにもなりました。

まず、引き受けてもいいかなと思ったのは、お好み焼き屋と自分の未来が見えないという消極的な理由ではなく、単純に親孝行がしたいと思ったからです。現状、お好み焼き屋はうまくいっていません。儲かっていないということは、突き詰めていえば私は世の中の役に立っていないということです。しかし、親孝行として家業を継げば、自己否定の意識にとらわれている私が自己肯定感を高められるのではないかとも思いました。

もちろん、不安はあります。まずは自分の生活のことです。親孝行をしたい、誰かの役に立って喜ばれたいという気持ちはあっても、現実的な話として生活費は必要ですし借金もあります。

給料がどれくらいもらえるのかによって判断は変わります。家業の経営状況も苦しいはずなので、後継者候補として入社するにしても縫製の仕事をしたことがない未経験の私がそれほど多く給料を取ることもできません。借金を返して生活費を稼ぐにはどれくらい給料が必要か計算をしながら、家業を継いだ場合の生活について考えました。

また、家業では社員やアルバイトを雇っています。そこも不安のタネでした。なぜなら、後継者候補になるということは彼らの生活に対する責任を背負うことにもなるからです。お好み焼き屋は個人事業ですから自分と家族さえ食べられれば問題ありません。今月の収入がゼロ円でも貯金があればどうにかなりますし、来月稼げばいいと割り切ることもできます。

しかし、会社はそうはいきません。来月の給料を倍にするので今月はなしとはできません。会社が倒産した場合、従業員とその家族の人生に影響します。

また、お好み焼き屋は、仕入れ先などに迷惑が掛からなければ自分の都合でやめることができますが、会社は多くの人の生活基盤になっているので、自分さえ良ければよい、家族がどうにかなればよいといった自己中心的な考えは通用しません。経営が苦しくなれば自分の財産を全部失ってでも社員を守らなければなりませんし、それでも力及ばず、倒産する可能性もあります。これは大きなプレッシャーでした。経営難で自殺する人が出る理由がなんとなく想像でき、果たして自分にそんな責務を全うできるだろうかとも思いました。

ラストチャンスを求めて

父に返事をしたのは、それから1週間後のことです。最終的な答えとして、私は家業を継ぐと決めました。久しぶりに実家に行き、やらせてほしいと父に伝えました。父は「ほな、頑張ろうか」くらいの反応しか見せませんでしたが、内心では喜んでいたと思います。

おそらく父は私が断ると予想していたはずです。電話を掛けてきたのも「ダメ元でちょっと聞いてみるか」といった気持ちで、私が家業を継ぐと決めたことに驚いただろうと思います。

決断した理由は3つあります。

1つ目は、35歳という当時の年齢は、起業に向けて挑戦できるぎりぎりの年齢であり、これが最後のチャンスだろうと思ったからです。お好み焼き屋をやめた場合、私が生きていける道はおそらくファストフードやレストランで雇ってもらう道しかありません。最終的には経営者となる夢を諦める人生になるとしても、その前にもう一度だけチャンスが欲しいと思いました。

2つ目の理由は、父の会社であれば私がチェーン店の店長時代に学んだ経験が活かせるかもしれないと思ったからです。私は店長としてスタッフを束ね、育てました。その経験から、なんとなくですがマネジメント系の仕事が自分に向いていると思っていましたし、自分にとって楽しく感じる役割でもありました。

今はその楽しみがありません。お好み焼き屋には育てる人がいないからです。その点、父の会社には従業員がいます。飲食と縫製はまったく異なる業種ですし、縫製の「ほ」の字も知らない私ははっきりいって不安を感じていましたが、従業員を束ねたり一致団結して取り組む組織をつくったりするために役に立てる仕事なら、店長としていきいきと働いていたあの頃の自分に戻れる気がしたのです。

3つ目の理由は、家業を継ぎ、経営者候補として入社するといった環境が用意されていたことです。お好み焼き屋をやめて3度目の挑戦をするにせよ、会社員として就職先を探すにせよ、次の一歩はまったくアテがありません。起業のアイデアも就職先探しもゼロから始めなければならず、やる気がどん底まで落ちている現状では「明日でいいや」「来週から考えよう」という思考で、年月だけが経っていくのが目に見えていました。そうこうしているうちに40歳になり、45歳になります。年齢とともに起業するチャンスも就職できる可能性も小さくなっていきます。

その点、家業を継ぐ道はすでにできています。業種としては将来の見通しが暗く、今よりもさらに泥沼になるリスクもあると思いましたが、やると決めればすぐに次の一歩が踏み出せます。

そう考えると、いくつかの選択肢があるなかで家業を継ぐことが最も良い選択に思えました。

私はおそらく何もない状態から事業をつくりだすゼロイチの仕事よりも、店舗の改善や組織の拡大のように1を10や100にする仕事のほうが向いています。うまくいくとは言い切れませんが、少なくともゼロイチはパソコンサービスとお好み焼き屋で過去に2度の失敗をしていますので、1を10や100にする仕事のほうが向いている可能性が高いと思いました。経営者になる夢を実現するラストチャンスとして、家業を継ぐことはホップ、ステップ、ジャンプの流れに乗れるただ一つの道だと思ったのです。

やると決めたからには死に物狂いでやらなければなりません。経営は厳しく斜陽な産業であることは分かっていますから不安はあります。ここで失敗したら次の機会はありません。生活レベルも下がりますし、子どもを大学まで進学させることも難しくなります。

ただ、私は開き直ろうと思いました。日本で生きている限り、生活が貧しくなったとしても飢え死にするようなことはありません。

飢え死にすることはない――。そう思えたことで気持ちが前向きになり、継ぐ決断に至ったのです。ただ、このときにはまだ気づいていませんでした。斜陽だと思っていた縫製業界は想像以上に厳しく、家業の経営も想像をはるかに超えるくらい散々な状況だったのです。

時間が止まった現場

２カ月ほど掛けてお好み焼き屋を閉店し、私は２０１２年1月に取締役として入社しました。一応、役職はついていますが仕事については何も知りません。細かな縫製の技術まで身につける必要はありませんが、ある程度は自分も作業しないとどんな工程があり、どの工程が難しいのかといったことが分からないため、まずは仕事の流れを覚えることから始め、縫製技術についても現場の職人に教わりました。

最後に工場を見てから15年ほど経っていました。久しぶりに工場を見て、懐かしさを感じました。まず現場には当時から働いている従業員が何人も残っていました。ざっと見渡したところ8割くらいの人は顔見知りで、「厚志くん」と呼んでかわいがってくれた親戚のようなおじちゃんとおばちゃんたちです。

「久しぶりやなあ」「いくつになったん?」と迎え入れてもらいながら、当たり前のことですが、みんな年を取ったなあと感じました。平均年齢で60歳くらい、若い人でも50歳くらいの工場になっていました。

それは言い換えれば、会社がまったく若返っていないということです。8割の人が顔見知りということは、若い従業員が増えていないということです。この15年の間では何人もの若い人が入ったはずです。しかし、仕事の内容がきつかったのか業界や会社の将来性に不安を感じたのか分かりませんが、定着せずに辞めてしまいました。結果、顔見知りの人しか残っていないわけです。

また、仕事のやり方もほとんど変わっていませんでした。縫製はミシンなどを使う手作業が多いのですが、それにしてもアナログな業務が多く、設備も年季が入っています。受注状況や生産工程の管理も手書きです。人が替わらず、職場の風景も変わっていないことが私が感じた懐かしさの正体でした。

一方で、変わったなと感じたこともあります。それは外国人が多く働いていたことです。外国人は中国などから来ている技能実習生で、3年掛けて仕事をしながら技術を身につけます。工場全体を俯瞰すると、キャリア10年以上のベテラン勢と若手である海外からの実習生という構図です。その状況を見て、日本人の働き手が来ない業種なのだと分かりました。また、実習生は期間限定で母国に帰るので、国内技術者の減少が進んでいることや国内の縫製技術が空洞化していることも分かりました。

椅子取りゲームの縫製業界

国内の縫製業は想像以上に厳しいのだと感じました。会社は国内のアパレルメーカーの下請けをしています。バブル経済期の頃はジャケットに肩パッドを付けたりスカートスタイルのスーツを仕上げたりする仕事が多く、当時は洋服の単価も縫製の加工賃も今より高かったため業界全体も会社も潤っていました。

しかし、それから30年の月日が流れ、洋服のトレンドは大きく変わりました。例えば、女性のファッションはカジュアルなパンツスタイルが増え、その多くは海外で作られるようになりました。国内のアパレルメーカーはシェアを減らし、オリジナルのブランドをもたない下請け企業に回ってくる仕事も必然的に減っています。

また、海外で作る洋服が増えただけでなく、街にはH&MやZARAといった海外のファストファッション店が増えています。日本製の洋服は仕様書に忠実で、質が高い点が強みです。しかし、消費者が求めているのは世界的に評価されたメイド・イン・ジャパンの技術力ではなく、安さです。この潮流によっても国内のアパレルメーカーは押され、会社の仕事はますます減っていく状況にありました。

その苦境は地域の縫製業者数の変化に顕著に表れていました。地域の縫製業者が加盟する縫製工業組合には、ピーク時には８００社の会社が加盟していました。しかし、今は30社ほどしか加盟していません。市場規模を見ても、バブル経済の崩壊から始まった「失われた30年」で国内の縫製市場は10分の１に縮小しています。

仕事の絶対量が減っていくなかでは業者間での競争が起きます。年々減っていく仕事を業者が営業力、技術力、価格力を駆使して奪い合う椅子取りゲームのような状況のなかで、力のない会社が次々と廃業となり、しかも、その状況が改善される見込みがないまま今日に至っていたのです。

想像を超える巨額の借金

社内に目を向けると、さらに悩ましい課題がありました。会社の決算書などを見たのは入社から3カ月ほど経った頃のことです。外部環境、市場の衰退の様子、幼い頃から見てきた両親の働き方や苦悩などを踏まえ、会社が赤字であることは覚悟していました。しかし、決算書の内容は、とんでもないところに来てしまったと思わざるを得ないほど厳しいものでした。

まず驚いたのが借金の多さです。製造業は設備投資にお金が掛かるため借金を抱えている会社が少なくありません。私の会社も例に漏れず借金を抱えていましたが、その金額は設備や資産などを売り払っても返済できない金額に達し、いわゆる債務超過の状態に陥っていました。

また、借金は設備のためだけでなく運転資金としても使っていました。月報を見ると、仕事がある時期は従業員の給料や借金の返済などの総額よりも売上があり、黒字となります。しかし、それは1年のうち9カ月だけです。残りの3カ月は仕事が少ない閑散期で、この期間に9カ月で貯め込んだ利益をすべて吐き出し、足りない分を借金で食いつないでいるような状況でした。

よくこれで経営ができているなと、つくづく思いました。これだけの借金を抱えていれば、心が崩壊してもおかしくありません。父に対して、変に感心もしました。

私は性格的に何事においても諦めないタイプです。経営者になる夢もお好み焼き屋での修業も耐えてきました。しかし、このときは無理かもしれないと思いました。親孝行のため、自分の人生を再起動するためと決意して入社しましたが、事前に決算書を見ていたら、もしかしたら入社しなかったかもしれません。それくらい厳しい経営状態だったのです。

「なんとかなる」と信じている業界

現場を見て、帳簿を見て、徐々に会社の惨状が明らかになっていきました。あらゆることが想定以下で、知れば知るほど何から手を付けたらよいか分からなくなりました。しかし、今さら引き返せません。改善策が見えない絶望感を抱えながら、現状から抜け出す突破口を探し始めることにしました。

技術力、価格力、あるいは納品までに掛かるリードタイムなど、産業全体が低迷する背景には必ず原因があるはずです。そのような視点で社内の人や業界内の人に話を聞き始めたところ、根本的な原因がすぐに分かりました。それは「このままだと会社が危ない」「業界全体が消滅するかもしれない」といった危機感をもっている人が非常に少ないことです。

それを端的に表している言葉が「なんとかなる」と「無理」です。この2つの言葉は、話をした人たちから何度も聞きました。「なんとかなる」は、誰かや何かがどうにかしてくれるだろうという期待の言葉です。他人任せの意識が表れている言葉といってもよいと思います。

従業員も組合に加盟している会社の社長たちも、経営や業界の課題に関する話になると、おまじないのように「なんとかなるやろ」と言います。私のような異業種出身の立場から見ると窮地に立たされているように見えるのですが、業界内の人たちは口をそろえて「今までもそうだった」「それでやってこられた」「だから、なんとかなる」と言い、実際、なんとかなると思い込んでいるのです。

そう思い込んでいる理由は、過去の成功体験があるからです。組合に加盟している社長たちは800社が50社に減った市場で生き残っていますから、その点から見れば「なんとかなっている」のは事実です。

しかし、それは結果論に過ぎず、明日はどうなるか分かりません。私はそう思うのですが、社長たちは現状が大丈夫だから未来も大丈夫と考えているのです。

組合の会合などに行くと、だいたい現場の愚痴が始まります。その後、バブルのときは良かった、あの頃は儲かったといった、良かった頃の思い出話が始まります。

30年前を振り返れば、確かに業界は儲かっていました。服飾は景気に敏感な産業ですから、景気が良ければ服が売れ、メーカーが儲かり、下請け業社も十分に儲かったのです。思い返してみると、親もその頃は高級外車に乗っていた気がします。それも過去の話であり、今とこれからが大丈夫という根拠にはならないと思うのですが、社長たちは過去を共有し、再確認することで自分たちはこれからも大丈夫と考えます。

人は似た考えをもつ人と一緒にいることで心理的な安心感を得る生き物です。私の目に映る業界はまさにその状態でした。安心感を得ることは大事ですが、業界内の人たちについては、赤信号を一緒に渡るような、あるいは一緒になって学校をサボるような、そういう良くない意味での一体感を醸成し、そこに安心感を求めているように見えたのです。

「無理」と考えて思考停止になる

「無理」というのも業界内でよく耳にした言葉です。組合のなかには現状に危機感をもっている社長もいました。致命的とまではいわないまでも徐々に売上が減り、同業他社が廃業していく様子を見ながら、どうにかしたい、どうにかしなければならないと考えている経営者です。

なかには、新たな取り組みとして自社ブランドの洋服を作ったり、簡易オーダーでスーツなどが作れるサービスを始めたりして現状打破に挑戦する経営者もいました。そのような話を聞いて、私も何か始めなければならないと思いましたし、打開策となる施策はないだろうかと考えるようになりました。

しかし、そのように考える経営者は少数です。普通に考えれば現状維持ですら難しい状況ですから、新しい施策を考え、実行しなければなりません。しかし、そこで無理と考えてしまい、行動が起こせず、思考停止してしまう人が多いのです。

彼らと話をしていくなかで、その原因は過去の成功体験にあるのだと気づきました。メーカーの下請けとなり受け身の姿勢で仕事を待つやり方は、昔はうまく機能していました。今も仕事がまったくこないわけではありません。その延長線上で今後の取り組み方を考えるため、新しいアイデアが生まれません。今のやり方を変えるのは無理と考えてしまい、右肩下がりの流れから抜け出せないのです。

無理だと考えるもう一つの理由として、お金がないという現実的な問題もあります。オリジナル商品の開発でも設備の入れ替えでも新規受注に向けた営業でも、何か新しい施策を始めるためにはお金が必要です。しかし、ほとんどの会社はぎりぎりの状態で経営しています。うちの会社のように運転資金すら借り入れている会社もあります。その現実が重くのしかかっているため、新たなことへの挑戦を反射的に無理だと考えてしまうのです。

頭を捻って知恵を絞れば、例えば、経費を見直して資金をつくったり既存の設備を使って新たな商品を開発したりすることもできます。債務超過でなければ銀行などから資金調達する方法もあります。

しかし、新たな取り組みがうまくいく保証はありません。失敗すればお金が減ります。ぎりぎりで経営している会社にとっては、その失敗が命取りにもなりかねません。そのリスクを考えてしまうため新しい挑戦は無理だと考えてしまうのです。

自分が変われば未来も変わる

「なんとかなる」は現実逃避の思考で他人任せの姿勢です。「無理」は諦めであり放棄です。これらは何十年も掛けてこびり付いた頑固な汚れのようなもので、業界が縮小し続けてきた根本的な原因だと思いました。

この思考にとらわれると、経営再生につながるアイデアが浮かんでも先送りにしてしまいます。経営の目的が発展ではなく延命になってしまいます。

実際、組合のなかにはその日暮らしのような状態で一日一日を乗り切っている会社もありました。運転資金や借金返済のために負債を増やしていた私の会社も似たような状況でしたが、借金は利子だけ返し、社会保険料などは滞納して事態が好転するのを待つのです。

そんな会社の社長は、おそらく今さらがむしゃらになって会社の再生に取り組んでも仕方がないと思っているのです。何十年にもわたって会社を経営してきたプライドがあり、努力するのが嫌だと思っているのかもしれませんし、努力するエネルギーがないのかもしれません。

また、後継者が見つからない業界ですから自分の代で廃業したらいいと思っている社長もたくさんいます。そのように割り切ってしまうと、いよいよ危機感は薄れます。売上の減少や借金によって廃業に追い込まれても仕方がないと考えるようになり、かといって自らの意思で会社を閉じる勇気はなく、結果として延命だけが目的の経営になるのです。

経営の観点から見れば、延命を考えるようになったら末期です。それを避けるには、まったく反対のことをしなければなりません。つまり「なんとかなる」ではなく「なんとかする」意識であらゆる課題と向き合い、「無理」は禁句にして、何ができるかを考え、行動する必要があります。

松下幸之助さんの言葉を借りれば「主体変容」です。まずは自分の行動を変えることが出発点です。

主体変容を掲げて経営を改善するために、私は新規案件の営業に出ることにしました。メーカーや商社などを回ってみると仕事そのものはありそうな手応えを得ましたが、すぐに壁にぶつかりました。理想としては大手の会社と取引することです。大手は受注量が多く安定しています。直接取引であれば単価も高くなります。

しかし、大手の会社は取引先の審査をするので信用と実績が求められます。また、大手の会社側の事情として、バブル崩壊後に下請け業者が数多く倒産したため、発注先の審査基準も厳しくなっています。その点で私たちは不利でした。生産体制の面でも技術面でも仕事を引き受けられるのですが、実績がなく借金が多いため取引口座を開いてもらうことができないのです。

一方、大手の会社の下請けとして仕事を受注している中小企業は取引先の審査基準が緩くなるため、私たちでも孫請け会社として仕事を受けることができます。ただし、加工賃は安くなります。赤字覚悟で引き受けるわけにもいきません。このような事情から、仕事はあるけど利益が出せないというジレンマに悩むことになったのです。

自分の心が変わっていることを自覚

営業に出たり、人に会ったりして忙しくしていると、あっという間に時間が過ぎていきます。気づけば入社して1年が経っていました。これという解決策はまだ見つかりません。ただ、自分でも不思議に感じるのですが、四面楚歌のような状況でも私はやる気に満ちていました。

現状はお好み焼き屋のときより厳しいといえます。しかし、どうにかできるはずと感じていました。課題は山積みですが諦めなければ必ず解決できると信じ、まさに有名な漫画のセリフにあるように「諦めたらそこで試合終了」という気持ちでした。

その気持ちを自覚して、自分が変わったのだなと思いました。お好み焼き屋のときとは違う自分になり、主体変容できたのだと感じたのです。

このときは目の前のことで必死だったため、自分のどこが、どのように変わったのか具体的には分かりませんでした。しかし、あとになって心理学の本などで勉強し、自己肯定感と自己効力感が高まったのだと分かりました。

自己肯定感は、ありのままの自分でいいと思える感情のことです。お好み焼き屋時代の私はそうは思えず、自己嫌悪と自己否定の感情を抱えていました。チェーン店の店長を続けていたほうが良かったのではないか、自分には経営の能力がないのではないかという後ろ向きの考えしか浮かばず、あらゆることを人任せにし、他責にしていました。

しかし、このときの私は会社を再建する使命感をもち、自分の存在そのものに価値を感じています。その気持ちがあるから、課題から逃げず、前向きな姿勢で解決しようと主体的に取り組めるようになったのです。

業界の外部環境を憂い、バブル経済期の思い出話にふける業界の人たちも同じです。経営者としての使命感や役割を実感できず、経営者である自分自身に価値を実感できないため、なんとかなるという他人任せの発想になってしまうのです。

自己効力感はスタンフォード大学のアルバート・バンデューラ博士が定義したもので、自分には成果を出す力があると認知することを指します。もう少し詳しくいうと、教授の定義によれば、人は効力予期と結果予期が高い状態のときに自己効力感が高まります。

効力予期は、「自分にはできる」と思う感覚のことです。例えば、10キロのランニングをするとなったとき、何もトレーニングしていない人は「無理だ」と感じます。これは、業界内にいる周りの人たちが口ぐせのように「無理」と言っているのと同じ状態です。一方、トレーニングをしている人は「できそうだ」と感じます。これは効力予期が高い状態で、私はこの状態を維持できていました。営業に出たり異業種交流会に参加したりしながら動き回ることで、課題が見え、解決できるという思考に変わっていったのです。

結果予期は自分の判断や行動による結果が予測できる状態を指します。例えば、営業をして話を聞くことで、この会社からはこんな仕事がもらえそうだと分かってきます。異業種の人と話すことで、その業界にどんなニーズがあるかが分かり、こんな提案をしたら興味をもってくれるのではないかといったアイデアが浮かびます。

お好み焼き屋時代の私は、この2つが両方とも欠けていました。自分なら現状を変えられるという気持ちになれず、どんな行動がどんな変化を生み出すか予期することもできませんでした。その状態では自己効力感が高まらないので、「自分にはできない」「やってもうまくいかない」と考えてしまいます。だからアイデアを練ったり行動したりするためのやる気が生まれなかったのです。

重要なのはお金も人のマインドも業界も、すべてのことについて「なんとかできる」と思えるようになることです。突き詰めていえば、不安はあってもなんとかできるのではないかという希望の光が見えれば、それだけのことで人の心理は変わり、思考や行動も変わるものなのです。

課題が見えれば解決策を考えられる

主体変容できた理由の一つは、ぼんやりとですが解決しなければならない課題が見えたからだと思います。アパレルメーカーの下請けだけで会社を再建していくのには限界があります。職場は高齢化し、市場は縮小し、加工賃は下限までできています。

これらは会社の発展を邪魔している要素です。しかし、見方を変えれば、これら課題を解決する方法さえ考え出せば、会社は再建でき、成長路線に乗せることができます。

アパレルメーカーの仕事が難しいなら異業種の仕事を探したらどうか、加工賃が高い仕事が取れれば売上が増え、給料を増やすこともでき、若い従業員が入ってくる可能性があるはず……。

そのようなイメージを描くことがやる気の源泉になり、自分が変わるきっかけになったのです。

また、行動していくうちに徐々に自信も高まりました。必ず再建できる自信があったかというと、正直なところまったくありません。ただ、自信の反対が恐怖や不安だとすれば、何かを恐れる気持ちもありません。諦めずに行動している事実と、その結果として徐々に課題が明らかになっていく過程によって、自分の取り組みは間違っていない、この取り組みの先に解決策があるはずという自信が芽生えてきました。

自信があれば主体的に行動できます。機動力や挑戦意欲も高まります。自分にできることを探し、とりあえず行動することの積み重ねによって、私は知らず知らずのうちに、行動する、自信が高まる、さらに積極的に行動できるようになるという良いサイクルに入っていたのです。

第2章

閑散期が長過ぎる洋服縫製工場の実態……経験・知識ゼロで挑んだ新規事業開拓

喫緊の課題は赤字と借金

まずはお金の問題をどうにかしなければなりません。債務超過の状態では新たな借入ができませんし、借入がなければ新たな挑戦もできません。

借金を減らす方法はいくつかあります。まず考えたのは会社の土地と建物を売却して現金をつくり、いったん借金を減らす方法です。しかし、そうなると別の場所を借りなければならず、家賃負担が発生します。また、新たに借りる工場は現状の仕事の規模に合わせますから、おそらく既存の工場より小さくなる可能性が高いです。人員整理が必要になるかもしれず、会社を縮小させることにもなります。土地など資産の売却は借金を減らすことができますが、私たちは縮小ではなく発展を目指しています。そう考えて、この選択肢はないと思いました。

次に考えたのが閑散期の活用です。工場の稼働率を見ると、仕事があるのは1年のうち4分の3で、残りの4分の1はほとんど工場が動いていません。会社の月次の売上も稼働率と連動し、9カ月は黒字なのですが3カ月は赤字です。また、工場の経費は80％以上が人件費を含む固定費であるため、売上がほとんどない3カ月も支出は一定で、そのせいで年間を通じた収支も赤字になっていました。9カ月で稼いだお金を3カ月の閑散期で一気に吐き出すような構造になっていたのです。

言い換えれば、この3カ月で新しい仕事が取れれば赤字期間が減り、収支が安定するということです。ただ、既存の取引先からの仕事は見込めません。この3カ月はアパレルメーカーが季節の変わり目のクリアランスセールをする時期です。在庫処分中は新たな仕事がほとんどないのです。まったく仕事がないわけではありませんが、その多くは海外の安い工場が受注しています。中国などの工場と価格で勝負するのは難しく、そのような事情から洋服の縫製で閑散期のマイナスを埋めるのは難しいと考えました。

成長性がある小さな市場を探す

再建に向けた方法を考えていくなかで、私は発想を大きく転換させなければならないと気づきました。私たちは洋服の縫製をしています。縫製の技術と、その技術をもつ職人たちが私たちの会社の強みであり、会社の価値の本質です。そう考えると、売上を増やす方法を考える際も洋服の仕事を増やそう、新たな洋服を作ろう、メーカーや商社に営業してみようという発想になります。

しかし、それで売上が増えるならとっくにできていたはずです。業績が伸び悩んでいるのも赤字が積み上がっているのも、その原因は自分たちが洋服を作る仕事という思考にとらわれているからです。そこで会社の再建に向けた一歩目の改革として、仕事内容を変更しようと決めました。具体的には、洋服以外の業界でまったく新しい仕事を見つけようと考えたのです。

縫製は洋服作りのためだけの技術ではありません。カバンや靴などの革製品も縫製して作りますし、カーテンや車のシートなども縫製が必要です。洋服という枠を飛び出た先に新しい仕事があり、会社の再建につながる道があるはずです。そう考えて、私は地域の異業種交流、経営者の集い、ミシンメーカーの展示会などに参加し、洋服以外の業界の人とつながりをつくることに力を入れました。

異業種の人と話をしてみると、あらゆるところに縫製の需要があると分かりました。例えば、スポーツ用品はウェアから用具入れのバッグ類などがあります。病院の関係者などと話しながら、制服も仕事になるかもしれないなどと気づきました。

ただ、新規参入にはなかなかつながりません。スポーツウェアも制服も市場がすでに飽和状態にあり、海外で安く作る仕組みが確立していたため、未経験で実績もない私たちが入り込める余地がなかったのです。

理想は洋服のような受発注の波がない業界です。ある程度の量が見込め、市場が伸びていることも重要です。しかし、その発想も変えなければならないと思いました。

安定している市場には大手の工場が参入しているので、私たちのような中小企業が対等の立場で参入することはほぼ不可能です。下請けや孫請けとして仕事を取ることはできるかもしれませんが、加工賃は安くなり、洋服の下請け仕事と同じ状況になります。

私たちが活路を見いだせるとすれば、大手の工場がいない市場です。大手の工場は同じ製品を一度に大量に作ることで生産効率を高めています。つまり、1回あたりの生産量が少ない商品や、仕様が細かく大量生産が難しい商品は中小企業が入り込みやすく、大手の脅威なく仕事を取り続けていくことができます。そのようなニッチな市場に目を向けることが新規参入の機会につながると考えました。

ニッチ市場で見つけたチャンス

ニッチな需要はいろいろとありました。いずれも小さな仕事ですので大きな売上にはなりませんが、閑散期のマイナスを埋めることができればよいと考えて積極的に引き受けるようにしました。

また、多様な商品を作ることは技術の向上にもつながります。これまでは洋服のみだったので洋服の縫製という強みしかありませんでしたが、手掛ける商品群を幅広くしていくことでさまざまな縫製ができるということを、会社の新たな強みにしていけるのではないかと期待しました。

ニッチな仕事の例としては、ビニール製の自転車カバー、警備員のベスト、半纏などがありました。介護用のオムツパッド、レッグウォーマー、ブランド物のバッグを入れる布の袋なども作りました。

ベテランの職人たちは、自分たちの仕事は洋服を作ることだと思っているので多品種小ロットの縫製には疑問や不満を感じたかもしれません。しかし、選り好みできる状況ではありません。余計なプライドにとらわれている場合でもありません。閑散期の稼働率が上がれば業績は上向きます。その成果は給料やボーナスとして従業員に反映できます。そう考えて、私は洋服以外の仕事を増やし、その結果として売上も徐々に増え始めました。

ニッチな仕事を探し始めて1年くらいが経った頃、会社の再建につながる一つ目の転機が訪れます。業種交流会で自動車のシートなどを縫製している会社と出合い、腰や首などに巻くサポーターの仕事を引き受けるチャンスを得たのです。

サポーターはかつては骨折したり、ぎっくり腰になったりしたときくらいしか使いませんでしたが、今は生活習慣が変わり、運動不足の人や座りっぱなしの仕事で腰痛になる人が増えています。スマートフォンの見過ぎで肩や首を悪くする人も多く、街中の接骨院などで治療のニーズが増えるとともに、自宅でのケアとしてドラッグストアなどで売っている市販のサポーターの需要も高まりつつあったのです。

サポーターは生地が厚いため、縫製するには特殊なミシンが必要です。そのような設備をもっている工場は少なく、私たちももっていません。一方で、自動車のシートを作っている会社は分厚い革のシートを縫製する高性能のミシンがあるため、シートを作るかたわら、サポーターの仕事もしていました。ちなみに自動車関連の縫製工場は、この業界のなかで唯一といってよいほど利益が出ている工場です。日本は自動車産業が柱ですので仕事の量が安定していますし、発注元がトップ企業ということもあり加工賃も高いのです。

シート会社の人から話を聞いて、最初はシートの縫製工場がサポーターを作っているのは面白い仕事だが、私の会社にはミシンがないため難しいだろうという感触でした。しかし、よく話を聞いてみると、そのシート工場はサポーター作りを手間だと感じているようでした。経営面から見れば、主軸事業であるシートなどの縫製で十分に売上を確保できています。サポーターの仕事は高性能のミシンがあるからという理由で引き受けているだけで、手間が掛かるし、シートと比べて受注量も少ないし、ということで誰かに外注できないだろうかと検討していることも分かりました。

チャンスだと思い、次の瞬間には私たちに下請けさせてほしいと提案していました。ニッチな仕事は前にいくつも引き受けてきましたが、市場が伸びているのは大きな魅力です。特殊なミシンをもつ競合も少なく、うまくいけばこの分野で大きなシェアを取れるかもしれません。シート工場にとっても下請けとなる私たちに仕事を出せば自分たちの手間を掛けることなくマージンを得ることができます。

問題はミシンです。高性能のミシンをそろえようにも現状の経営状態では資金が調達できません。そこで考えたのがリースです。ミシンをリース会社から借りるのではなく、シート工場で使っているミシンを借りて縫製する方法はどうかと考えたのです。

シート会社とはそれから何度か交渉の場をもち、私たちの技術を見てもらったり、下請けとしてどれくらい作れるかを判断してもらったりしました。生産力を高めるためにミシンが使える内職やパートを探し、ミシンについても、シート会社にはリース料として加工賃から引いて計算したらどうかと提案しました。

こちらから積極的に提案すると、シート会社も好反応を示してくれます。当初はシート会社がどれくらい本気で下請けに出したいと思っているか分かりませんでしたが、そのようなやりとりを通じてかなり本気で任せたいと思っていると感じました。

結果、契約はまとまりました。しかも、私たちにとってかなり良い条件の契約になりました。ミシンのリース代は加工賃から引くという話でしたが、実質的に無償提供してもらえることになり、材料を運ぶトラックの手配、ミシンの使い方の指導、サポーターを作るための技術指導、仕上がったサポーターの管理までシート会社が面倒を見てくれることになったのです。

新たな事業の柱に育てる

閑散期対策としてサポーターの仕事が始まりましたが、その他のニッチな仕事と合算してもまだたいした利益にはなりません。ニッチな仕事は単発で終わることが多く、サポーターは発注元であるメーカーがいて、大手の工場がいて、その下にシートメーカーがいて、さらに下に私たちがいるといった構造です。間に入っている会社が多いほど加工賃の単価は安くなるため、従業員を増やしてできるだけ生産量を上げましたが、この状態では会社の新たな事業にできるような展開は望めません。

一方で、サポーターを事業の柱に育てていくための構想もありました。まずはサポーターやその他のニッチな仕事で稼ぎながら借金を減らしていきます。ニッチな仕事はまとまった額にはなりませんが、月10万円でも稼げれば、その分だけ借金返済に充てられます。

考え方としては、サポーターを本業、ニッチな仕事を副業のような位置付けです。サポーターを事業化していくことを本命として、そのために必要なお金と時間を副業で支えるということです。ニッチな仕事を受け続ければ閑散期でも絶え間なく売上が立ちます。近所の家にパート募集のチラシを配り、ミシンが使える内職の人も継続的に増やしながら、コツコツと借金返済に取り組みました。

借金が減れば新たな借入ができるようになりますので、借入金と手元に残る利益を使ってミシンを増やし、工場内にサポーター専用のラインを作ります。専用のラインをもつことでより多くのサポーターが作れますし、1、2年もすればサポーター作りの技術も身につきます。

また、サポーター作りの実績ができれば、メーカーとの直接受注も可能になります。それが実現すれば加工賃が上がるだけでなく受注量も増えていきます。そのような展開を見据えて、閑散期の穴埋めからスタートしたサポーター作りの仕事を新たな事業の柱に育てていく計画を立てたのです。

設備を増強して直接取引を開始

サポーターの仕事は順調にスタートしました。1年目は赤字ぎりぎりでしたがキャッシュフローを回すことだけに集中し、2年目にはなんとか黒字になり、安定軌道に乗りつつありました。ニッチな仕事を副業にしながら、工場にはサポーター縫製用のミシンが少しずつ増えていきます。パートや内職も順調に増え、サポーターの仕事を始めてから2年後には20人体制の仕事になりました。

次に考えることは、下請けから直接受注にもっていくための施策です。しかし、メーカーに営業に行っても相手にしてくれませんし、発注元であるシート工場を飛ばして営業をすることもできません。

そこでキーマンとなったのがシート工場のサポーター作りをとりまとめていた工場長でした。工場長は、「サポーターの仕事を任せてくれないか」と提案した当初から知っています。技術指導や管理方法を教えてくれたのも工場長ですし、過去2年の取引も工場長を通じてやりとりしていました。専門知識があり、技術力もあり、非常に優秀な人です。私たちのサポーター事業が軌道に乗り始めたのも工場長の支援があったからです。

また、2年にわたる仕事の接点を通じて、人間関係ができ、雑談もよくするようになっていました。そのなかで、私はあることを知ります。それは、サポーター業界の最大手のメーカーに工場長の知り合いがいるということです。その話を聞いて、私は大手メーカーとつないでほしいと頼みました。直接受注につながるかどうかは分かりませんが、その可能性を探るためにまずは接点が欲しかったのです。

頼みを聞いてくれた工場長は、大手メーカーの担当者を紹介してくれました。これがきっかけとなり、大手メーカーとの交渉がスタートします。担当者から話を聞いたところ、サポーターの需要は大きく、作り手が足りていないことが分かりました。また、サポーター縫製に必要な設備と技術をもっている工場が少なく、困っていることも分かりました。

私たちにとってはチャンスです。このメーカーは、サポーター業界のなかでは大手ですが、上場企業のような取引先に対する厳しい審査などはありません。私たちの会社の規模でも直接受注できる可能性があり、メーカー側もサポーターの作り手が不足している状態だったため、私たちに興味をもってくれました。取引するためにはどんな設備があればよいか、どれくらいの生産規模を確保すればよいかといったことを聞き、私は需要に合わせて工場を拡張していこうと決めました。自社設備が必要と聞いて、まずはミシンの台数を増やします。期待する生産量を聞いて、人と設備をそろえて体制をつくります。

このやりとりを通じて、私は直接受注できる可能性が大きいと思いました。そして、アクセルを踏みます。借入金と製造業の設備投資向けの補助金を活用し、2千万円ほど投資して第二工場となるサポーター専用のラインをつくりました。それが評価されて、メーカーとの直接受注が決まり、サポーターが第二の事業の柱として成長していくことになったのです。

小さな可能性が大きなチャンスになる

新規事業開拓の発端がどこだったかというと、1年の4分の1が閑散期になっている状況を改善したいと考えたことです。サポーターが仕事になるとはまったく思っていませんでしたし、コネクションもありませんでした。赤字の原因が閑散期にあると気づかなければ、あるいは、気づいたとしても洋服の仕事はそういうもの、閑散期があって仕方がないと考えていたら永遠に赤字体質からは抜け出せなかったと思いますし、洋服に次ぐ第二の事業の柱も生まれていませんでした。

また、閑散期のマイナスを埋めるための具体的な行動は、異業種交流会などに参加したことです。異業種交流会でシート会社と出合ったのは偶然です。しかし、この偶然を起こすためには、機会を探して会合に参加するという行動が必要です。

当時の私は、名刺を月に300枚配ろうなどと考えて、とにかくいろいろな人に会いました。その繰り返しの末に仕事につながる出会いがあったと考えられます。閑散期だからという理由で何も行動しなかったとしたら、出会いは生まれず、事業にもならなかったと思うのです。人と会ったり話を聞いたりする方法は、営業に回るよりも非効率な方法だという人もいます。また、顧客の新規開拓の方法としても間接的であるため、そんな遠回りなことはしないという考えもあると思います。

しかし、たとえ小さな可能性だとしても放棄してはいけないと思います。洋服以外の業界で仕事を探すためには、まず異業種について知らなければなりません。情報が増えれば、誰が、どんなことで困っているかが分かります。その情報と私たちの強みを組み合わせることで、事業のアイデアが生まれると思うのです。

感覚としては、パズルのピースを組み合わせるようなものです。多くの人に会い、いろいろな情報に触れることで、例えば、飽和状態に見える縫製業界のなかでもサポーターを作れる工場がないといった実態が見えてきます。そのピースが見えれば、ピッタリ合うピース、つまり、困りごとを解決できる強みをどうやって手に入れたらいいか考えることができます。

サポーターの仕事でいえば、厚手の生地を縫えるミシンや内職する人が必要でした。メーカーが求めるだけの生産能力を確保する必要もありました。それが分かれば大きな成果です。強みとなるピースはすでに自分たちがもっているかもしれませんし、もっていなければ、ミシンを借りる、内職の人を探す、資金調達するといった方法が見えます。課題のピースが見えれば自然と解決策も見えるのです。

競合が少なければ仕事が取れる

閑散期の対策ができ、しかも、その対策が新たな柱として育ち始めたことで、赤字体質の経営はとりあえず止血できました。しかし、会社を発展させていくためには本業である洋服の縫製も再建する必要があります。そこで私が次に取り掛かったのはそのための施策づくりでした。

洋服にはさまざまなアイテムがあります。また、アイテムによって利益が出やすいものと出づらいものがあり、需要が大きいものと小さいものもあります。

その観点で、まずは縫製の需要が大きいアイテムと、需要が伸びているアイテムが何なのかを調べてみることにしました。そこで分かったのは、ボトム（ズボン）の需要が大きく、しかも伸びているということです。過去30年くらいでスカートを穿く女性が減り、仕事をする女性を中心にパンツスタイル人気が高まっていることが分かったのです。

また、パンツの需要が伸びている一方、そのほとんどは海外の工場で作る体制ができています。海外の工場が相手では価格競争で勝てないため、国内の会社で新規参入する工場はほとんどありません。国内でパンツを作る工場もありますが、そのほとんどは上着やその他のアイテムも作り、一部のラインでパンツも作る兼業の工場です。複数のアイテムを作った結果として黒字になっていますが、パンツだけを切り出してみると赤字になっているケースがほとんどです。パンツの縫製はスカートとよりも手間が掛かり、それでいて売値がほぼ一緒であり、加工賃も高いため赤字になりやすいのです。そのため国内にはパンツを作る工場そのものが少なく、パンツを専門的に作る工場はさらに少ないのです。

私はそこにチャンスがあるのではないかと考えました。競合が少なければ仕事が取りやすく、パンツを強みにすることによって安定的な売上を確保できるのではないかと思い、仕事改革の第二の打ち手としてパンツの仕事を取ろうと考えたのです。

弱みは強みに変えられる

海外の工場と価格で勝負しても勝ち目はありません。しかし、国産には国産の良さもあるはずです。例えば、品質です。国産の洋服はバブル経済期の頃から評価が高く、今も世界ではトップクラスです。

私たちの会社を含め、業界内の人たちはバブルの頃は良かったと考え、過去にとらわれる傾向があります。そのこと自体は新しいことに挑戦し、成長と発展を阻んでいる壁を乗り越えていくうえで問題になる意識なのです。バブルの頃は良かったという思考の背景には、仕様書どおりに縫製し、しかも短時間で仕上げる世界一の技術があったことも事実です。その価値はファストファッションに押されている現代でも通用します。重要なのは、その価値を発揮できる仕事や領域を見つけることです。私は、それがパンツなのではないかと考えました。

また、デリバリーの面でも優位性があります。海外で作る場合、まずは船で生地を送り、できた製品を船でもってきます。この期間を含めて、一つの製品を作るためのリードタイムはだいたい3カ月です。その点、国産の洋服はだいたいどこでも1日あれば運べます。欲しいときにすぐに納品できれば、メーカーは欠品リスクを抑えることができ、売り時の機会損失を防ぐことができます。

さらに、海外での洋服作りはコスト重視の大量生産が前提です。そのため、発注者であるメーカーは一定量の在庫を抱える必要があり、売れなかった場合は廃棄しなければなりません。毎年メーカーのクリアランスセールがあるのは、毎年のように在庫が余る構造になっているからです。また、ファッションは変化のスピードが速く、1年前の洋服でも時代遅れになります。そのため服飾業界全体として洋服の大量廃棄が発生し、そのことは環境保護の観点でも問題視されています。

国内で作ればこのようなことの対策にもなります。大量生産を前提とした海外の工場と違い、国内の工場であれば少量生産ができます。しかも、デリバリーに掛かる時間が圧倒的に短縮できますのですぐに欠品に対応できます。弱みと強みは見方によって逆転します。ファストファッションにおいては少量生産しかできないことが弱みですが、在庫リスクを抑えるという点から見れば強みにできます。そこを活かせば国産のパンツ工場として需要が獲得できますし、サポーターに次ぐ第三の柱として会社の事業の柱にもできるのではないかと考えたのです。

専用のラインなら課題解決できる

状況を把握して課題は明らかになりました。サポーターのときと同様、課題が分かれば解決策も見えてきます。加工賃が安いため黒字化しにくいことと、縫製に手間が掛かることさえどうにかすれば、パンツは事業にできます。

まず黒字化しにくい原因についてあらゆる角度から検証しました。他の会社がパンツで利益を出せない理由は何なのかを考え、実際にパンツを作っている工場に話を聞きにいき、どうすれば効率よく作れるのかアイデアを練りました。

そこで見えてきた1つの課題の答えは、1つのラインで複数のアイテムを作っている工場ほど黒字化に苦しんでいることです。この日のこの時間帯はジャケットを作り、次にパンツを作り、そのあとでブラウスを作るといった工程になっているため、その都度ラインを片付けたり次の製品を作る準備をしたりする時間が掛かり、生産効率が落ちるのです。

また、工場側はパンツの利益率が他の製品と比べて低いことが分かっているので、ジャケットなどを主要な製品として扱います。パンツについては「注文が来たら受ける」といった受け身のスタンスですので、パンツ製造の技術は高まらず、他社との差別化もできません。そのため、加工賃も安くなりパンツ単体での黒字化が難しくなるのです。

このような事情を踏まえて、パンツ専用のラインをつくったらよいのではないかと考えました。パンツを国内で作りたいという需要はあるはずですから、専用ラインとして成り立つくらいの仕事は取れますし、専用にすればより多くのパンツが作れます。

また、パンツ専用の工場は数が少ないため、短期で高品質なパンツを専用のラインで作るという点が他社との差別化になり、会社の強みになり、それがやがて適切な加工賃をもらうための付加価値にもなるだろうと考えました。

もう一つの課題である手間が掛かる点についても、パンツ専用のラインをもつことで解決できると考えました。縫製は技術職ですから数と量をこなすことによって熟練度が高まります。仕事を増やしていけば、自然と専門性も技術力も高くなり、手間が掛かるパンツの縫製を短時間でこなせるようになります。

また、パンツは商品ごとに仕様の違いがありますが、ジャケット類のように一つひとつデザインが異なることはなく基本的な形は同じです。パンツ専用のラインでパンツ専用の従業員を配置すれば、完成までのスピードも速くなり、さらに効率化できるだろうと考えたのです。

こうしてサポーターのラインをつくった約半年後に第三工場としてパンツ専用のラインができ

ました。パンツは国内の作り手が少ないため需要も安定的であり、コートやTシャツとは違って季節の影響も受けにくいため通年で仕事が取れます。1つあたりの単価は安くても利益が出るならたくさん仕事を取れば売上につながります。チリも積もれば山となると考えて、パンツ事業は安定的な収益を生む3本目の柱に育っていくことになったのです。

取引先に一途になる

サポーターとパンツが新たな事業として育ちつつあるなかで、私はあらためて洋服の事業の顧客ポートフォリオについて考えました。ポートフォリオは、どの顧客から、どれくらいの売上を得るかのバランスを表すもので、現状は複数のメーカーや商社から仕事を引き受けています。売上のバランスで見ると、洋服の事業では主に3つの取引先があり、それぞれが3割ずつ、残り1割がその他の取引先というようなバランスになっていました。

リスク分散の観点から見ると、複数の顧客をもつことは大事です。複数の顧客をもっておけば、1つの取引先からの仕事が減っても他の取引先の仕事を増やして売上を保つことができます。組合の会合などでも「顧客は3対3対4のバランスがいい」「4社くらいもつのがいい」といった話をよく耳にしました。

私も当初はそんなものだろうと思っていました。しかし、ふと足元を見るとサポーターとパンツで事業リスクは分散できています。洋服の仕事が減ってもサポーターとパンツで売上を底支えできる体制ができつつあります。

そう考えたときに、洋服の仕事という1つの分野で複数の顧客をもつことが必ずしも正しいとはいえないと感じたのです。リスク分散を考えている周りの会社が軒並み経営に苦しんでいることを考えると、なおさら顧客は分散しないほうがよいのではないかと気づいたのです。

複数の顧客をもつということは、複数の顧客と平等に付き合うということです。平等と口で言うのは簡単ですが実際には難しいものです。

例えば、3社と平等に付き合う場合に、3社からの注文が重なることがあります。ラインの生産量には上限がありますから、どこかを優先し、どこかには待ってもらわなければなりません。恋愛に例えるなら二股、三股のようなもので、それぞれに十分に気を使ったとしても、どこかで不平等が生じ、関係性が壊れる可能性があるのです。

それなら選択と集中の考え方で取引先を絞るほうがよいのではないかと思いました。つまり1社に一途になるということです。その1社のために最善を尽くせば、取引先の印象は良くなります。二股や三股で付き合っているほかの下請け業社よりも優先的に仕事を発注してくれるし、1

社に絞ることでニーズも深掘りでき、より良い仕事ができるようになります。

二股や三股の関係性から相思相愛の関係になれば仕事が減ったりなくなったりするリスクも低くなります。仮にその取引先の仕事がなくなった場合、洋服の仕事だけをしている会社は売上がなくなりますが、私たちの会社はサポーターとパンツがあります。この特性をうまく活かすために、私は仕事改革の第三の打ち手に取り掛かることにしました。その打ち手とは、洋服事業の顧客ポートフォリオは絞り込み、第一工場である洋服のラインは1つの取引先、第二工場はサポーター、第三工場はパンツと決めて、1工場1取引先にすることでした。

相思相愛の関係を目指して

一途に尽くす取引先を選ぶために、私はまず既存の取引先について調べ直すことにしました。売上はどれくらいか、資本力はあるか、どんな商品ラインナップをもっているか、主力の商品はどんな人に売れているか、私たちの受注量はどれくらいか、受注量が増える可能性はあるか、といったことを念頭におきながら、お互いに成長できる取引先を選びました。

資本や規模が小さい取引先は将来的な成長が見込みづらいため、私たちの受注量も頭打ちになる可能性があります。商品を購入している年齢層も重要で、流行をつくるのは洋服を積極的に買う20代から40代くらいの層ですので、50代以上をメインターゲットとしている取引先も成長性という点では見劣りするだろうと思いました。

そのような選考を経てたどり着いたのがTという取引先です。この会社と相思相愛になろうと考えて、会社を訪れてニーズを聞き、そのニーズを徹底的に叶えていこうと決めました。ニーズに徹底して応えるのは簡単ではありません。しかし、それができなければ相思相愛にはなれません。そう考えて、私はニーズを聞き、応えることに全力を尽くそうと考えました。

いくつかあるニーズのなかで特に難題だったのは納期短縮での縫製です。取引先はできる限り在庫と廃棄を減らし、同時に欠品による販売機会のロスも減らしたいと考えていました。そのために有効な方法は、注文数の確定をぎりぎりまで待って作り始めることです。

通常は1万枚くらい売れるといった予測を立てて、下請けに生産を依頼します。その後、約2週間の生産期間があり、取引先側で検品や百貨店などへの配送を行い、生産の発注から数えて3週間後くらいに店頭に商品が並びます。

ただし、この生産の根底にある予測は店頭に商品が並ぶ3週間前に立てた予測であるため、実際には5000枚しか売れずに残りの5000枚が廃棄になったり、予測以上に売れて品切れになったりすることがあります。このズレを防ぐには、売れ行きのペースなどを見ながら、何枚売れるのかという確度の高い予測をする必要があります。そのために、発注から店頭に並ぶまでの期間を3週間から1週間に短縮できないだろうかと相談されたのです。

普通に考えれば無理難題です。しかし、私はいけるかもしれないと思いました。納期短縮が難しいのは、複数の取引先から仕事を引き受けているからです。他社向けの製品を作っているところに、急に1週間で作ってほしいと依頼されても対応できません。

しかし、私が構想している1工場1取引先の体制は他社向けの生産がありません。1社に絞った取引先からいつ注文が来てもよいようにラインを確保しておくことができますし、注文を受け次第、すぐに生産に取り掛かれます。この体制なら対応できると思ったのです。

取引先が求める「品質」の意味を考える

取引先には、その場で対応できると返事をしました。1工場1取引先の体制ならできるはずだと直感的に思ったからです。しかし、会社に戻って現場の従業員に話したところ、無理だという答えが返ってきました。その理由は、納期優先で作ることによって商品の質が下がるということでした。

その意見ももっともです。いくら早く作ってもB級品が多い工場では仕事は取れません。洋服に限りませんが、質とスピードはトレードオフの関係です。早く作ればミスが出ますし、丁寧に作れば時間が掛かるため、この2つを両立するのは困難なのです。

ただ、私はこの困難をどうにかしたいと思いました。無理だと諦めたら、それ以上の挑戦はできません。そもそも業界全体が斜陽化から抜け出せないのも、無理、できない、やれないといった後ろ向きの姿勢があるからです。

また、困難の克服はチャンスだとも思いました。早く作れる工場はあります。丁寧に作れる工場もあります。そのどちらかに甘んじていては普通の工場になってしまいますが、両立できれば特別な工場になれます。取引先が求める相思相愛の相手も、そういう特別な工場だろうと思ったのです。

第一の命題は納期です。取引先は1週間で店頭に並べたいと思っているので、これは必ず実現しなければなりません。そのために発想の転換が必要でした。納期を優先すると品質が下がるということは、品質の低下を容認すれば納期は短縮できるということです。

問題は品質です。取引先は、当然ながら品質は維持しながら納期を短縮してほしいと言います。では、取引先は商品のどの部分を見て品質を評価しているのかというと、品質に影響する要素はさまざまあります。90度の裁断が89度になっている、糸のほつれがある、汚れがあるなど取引先が重視する要素があれば、あまり重視していない要素もあるはずです。そこが分かれば解決策が見つかります。取引先が重視する部分の品質は維持し、その他の部分で工程を簡素化できるかもしれません。そう考えて、再び取引先を訪れて品質に関する基準や条件を聞くことにしたのです。

ニーズのセンターピンを狙え

取引先に話を聞いたところ、品質に関する根本的な考え方は取引先目線というよりは商品の買い手である消費者目線が大事で、クレームをなくすことを最も気にしているのだと教えてくれました。また、商品に関するクレームでは、上着の正面や背中など目立つ場所（Aゾーンといいます）の汚れやシルエットの歪みなどが多く、その他の要因も含めてクレームになりやすい上位10種ほどのポイントも教えてくれました。

そこまで分かれば解決策は見えたようなものです。例えば、クレームの7割がAゾーンの汚れによるものだとすれば、Aゾーンを検品の際に重点的にチェックすることでクレームは7割減らせます。シルエットの歪みがクレームの2割を占めるのであれば、その点も注意することでさらに2割、合計9割のクレームを対策できます。

つまり、クレームの原因になる要素はいくつかありますが、クレームを減らすという視点で優先順位をつけていけば、クレーム要因の上位に入っている要素に注意することで消費者のクレームを防ぐことができ、取引先の満足度を高めることができるということです。同時に、クレームになりにくい要素に関しては、手抜きしたり雑に作ったりするわけではありませんが、工程や手間を簡素化することによってスピードを上げることができるのです。

そう考えて、Aゾーンについては出荷前に目視で検査することにして、Aゾーンの汚れによるB級品を徹底してなくしました。この方法で品質を落とさずに納期を短縮でき、顧客のニーズを満たすことができました。受注から1週間で商品を店頭に並べたいという取引先のニーズを満たすとともに、品質保持を一緒になって取り組み、取引先に喜んでもらえたことで、取引先の信頼を獲得でき、その後の受注量も売上も徐々に増えていくこととなったのです。

また、この取り組みは私にとっても勉強になりました。最も大きな学びとなったのは、完璧を目指そうとしないことがトレードオフの解消につながるという発見ができたことです。重要なのは、優先する課題を明確にし、解決することです。相手のニーズについて考え始めると、あれもこれもと取り組みたくなりますが、取引先側にも重要視しているニーズとそうでもないニーズの濃淡があります。質とスピードの両面で完璧を目指していたら、おそらく取引先のニーズには応えられませんでした。しかし、私は品質のなかで妥協してもよい部分があるのではないかと気づくことができました。これが大きな学びだったと思うのです。

例えるならボーリングのピンのようなものかもしれません。ボーリングのピンは、10本全部に当たらなくてもセンターピンに当たればストライクが取れます。多少ズレても、7本、8本のピンを倒せます。

ニーズに応える取り組みもそれに似ていて、重要なのはセンターピンを探し、当てることです。品質に関しては、取引先にとってはクレームを減らすことがセンターピンだったといえます。それが分かれば、例えば、Aゾーンをきれいに作るという解決策が見えます。クレームをゼロにすることはできませんが、効率良く顧客の満足度のパーセンテージを高めることができ、取引先の満足度も高められると分かったのです。

取引先の期待を超える

難題に思えた納期短縮のニーズを満たせたことで、私たちは取引先の信頼を得ることができました。相思相愛になる基礎もできました。次に考えることは、その関係性をより強くすることです。そのためには、取引先のニーズを私たちが見つけ出し、そのニーズを満たす方法を私たちから提案することが大事だと考えました。

どの会社にもニーズはありますが、そのニーズに気づいているとは限りません。誰かに便利な方法を教えてもらい、実は自分たちはこんな状況を求めていた、こんなことに困っていたと気づくこともあるのです。

そこで考えたのが、さらなる納期の短縮です。取引先からは1週間にしたいと相談を受けましたが、私たちがアイデアを練ることで1週間をさらに短くできるのではないかと考えたのです。生産開始から商品が店頭に並ぶまでの流れを見ると、私たちが作った洋服はいったん埼玉県にある倉庫に送られ、そこで検品します。その後、全国にある直営店や百貨店に送られ、店頭に並びます。

生産に掛かる日数はこれ以上短くできません。しかし、流通の仕組みを変えれば商品を送る時間を短縮し、結果として店頭に並ぶまでの時間を短くすることができます。例えば、大阪にある私たちの工場から大阪近郊の百貨店に商品を送る仕組みに変えれば、埼玉県に送り、埼玉県から百貨店に送るための時間をなくすことができます。それが例えば2日であれば、店頭に商品が並ぶまでの期間は1週間から5日にできます。

そのことに気づいて、私はさっそく提案しました。取引先は、短縮化できる可能性については前向きに話を聞いてくれました。埼玉の工場を経由させないことで、商品の運賃が安くなるといったメリットにも魅力を感じてくれました。

しかし、すんなりとは受け入れてもらえませんでした。その理由は2つです。1つ目は、私たちの工場には物流倉庫並みの検品の仕組みがなかったこと、もう1つは発送先である百貨店などに間違えずに発送するうえで信用が足りなかったことです。

ただ、そのための解決策は簡単に思いつきました。サポーターの仕事を始めるとき、まずは厚手の生地を縫えるミシンや内職する人が足りないという課題が分かり、その後、ミシンと人を調達することで課題が解決できました。重要なのは課題を知ることで、課題が分かれば、そのピースにピッタリ合う強みを当てはめるか、手持ちのピースが合わなければ、新たにつくればいいのです。そのときと同じ発想で、私たちは工場内に検品の仕組みをつくりました。発送の仕組みは自社ではつくれなかったため、地域の配送業者と連携して百貨店などに送る仕組みをつくりました。その結果、取引先としては初の試みとして、私たちが作った商品のうち西日本の店舗向けのものは工場から直送することが決まりました。取引先は納期短縮と運賃の削減というメリットを得て、我々は検品と発送の業務の手間賃で追加の売上を得ることができ、ウィン・ウィンの仕組みを生み出すことができたのです。

当たり前の工場には仕事はこない

サポーターのラインをつくったのは2015年です。パンツのラインを作ったのも同じ年で、その翌年には1工場1取引先で相思相愛になる体制をつくりました。

矢継ぎ早に改革の打ち手を実行しました。改革はうまく回り出すと早々に効果が出ます。仕事が増え、売上が増え、借金が減っていった結果、改革に取り掛かり始めてから7年後の2019年には、ついに債務超過から脱却することができました。

それによって分かったことの一つは、顧客の成功に貢献すれば満足度が高まり、自然と仕事が取れるようになり、商品をつくれるということです。顧客の成功は、経営やマーケティング用語ではカスタマーサクセスです。相手の課題を聞くことも、ニーズを見つけて満たすことも、突き詰めるとどうやってカスタマーサクセスを実現するかに尽きると思います。むしろ、カスタマーサクセスに目を向けない事業は売って終わり、稼げればよいといった自分主体の思考に陥りやすく、一時的には仕事が取れるかもしれませんが、長期的に深く付き合っていく仕事には発展していかないだろうと思うのです。

特に私たちの仕事は、小売業や飲食業などと比べて顧客の数が少なく、取引先1つあたりの依存度が大きいといえます。経営を安定させ、発展させていくためには一つひとつの取引先と長く、深く付き合える関係性を築く必要があり、そのためには彼らは一途に貢献してくれている、彼らに頼めば成功できるといった信頼関係をつくっていくことが大事なのです。

振り返ってみれば、従来の会社にはその意識が不足していました。工場には、品質、コスト、納期という3つの大きな評価指標（ＱＣＤ）があり、その点さえ満たせば工夫しなくても仕事がくるだろうと考えていたのです。

しかし、ＱＣＤを満たすことは工場としては当たり前です。ＱＣＤの向上に取り組むだけでは、当たり前のことに取り組む当たり前の工場で止まってしまいます。取引先から見ればどこにでもある工場です。国内の縫製業界が斜陽化した理由の一つも、どの工場も大差ないなら安さを求めようと考え、その結果として多くの仕事が海外の工場に流れたといえます。

バブル期のように需要と供給のバランスが取れていれば当たり前の工場でも仕事がきます。商品を作ってほしい人と作れる人の均衡が保たれている状態では、納期を守らない、コストが異常に高い、質が異常に低いといったＱＣＤに特別な問題がある場合を除いて、自然と仕事はくるのです。

しかし、失われた30年とグローバル化によって需要と供給のバランスは大きく崩れました。商品を安く作れる海外の工場が増えて、国内の工場が獲得できる需要が激減しました。その結果が、業界全体の斜陽化であり、市場規模が10分の1になったという現実です。

この状況ではＱＣＤを満たしているだけの工場は淘汰されます。取引先に選ばれるためには、この工場と一緒に仕事がしたい、この下請けなら期待に応えてくれると思われる何かが不可欠で、面倒だと感じているサポーターの仕事を引き受けること、パンツの少量生産と納期短縮に応えること、一途にニーズに応えることなどはその一例で、つまりカスタマーサクセスの実現だと思うのです。

特定の顧客か不特定多数の顧客か

カスタマーサクセスと似た意味の言葉に、カスタマーサティスファクションがあります。これは顧客満足度を意味する言葉で、相手の満足度を高め、関係性を深め、継続的な取引や商売に結び付けていくという点でカスタマーサクセスと同じ意味をもち、同じくらい大事なことだと思います。

２つの言葉の違いについては複数のとらえ方ができますが、私の解釈は、顧客が少数で特定できる場合がカスタマーサクセス、不特定多数である場合がカスタマーサティスファクションと分けています。私たちの会社はカスタマーサクセスですが、私がかつて勤めていたファストフード店や入社前に経営していたお好み焼き屋はカスタマーサティスファクションだと思います。

また、1工場1顧客で納期短縮を実現した第三の打ち手は、私たちと取引先の関係はカスタマーサクセス、取引先とその先にいる消費者との関係はカスタマーサティスファクションといえます。私たちは、1週間で店頭に並べたいという取引先のニーズを満たし、さらにそのニーズを上回る提案をしたことによって満足度を高め、関係性を構築しました。カスタマーサクセスの取り組みは「100点のうち何点取れたか」が指標になり、努力や工夫次第で相手から100点をもらうことが可能なのです。

一方、飲食店で同じことができるかというと、ほとんど不可能だと思います。なぜなら、何百、何千といる顧客はそれぞれ好みが異なるため、オーダーメイドのような対応ができず、全員に満足してもらうことが難しいからです。この場合の指標は「100点のうち何点取れたか」ではなく「何パーセントの人が満足したか」になります。つまり、カスタマーサクセスは相手1人に集中し、相手から100点をもらうために尽くし、カスタマーサティスファクションは顧客の最大公約数が何かを考え、1人でも多くの人に満足してもらう施策を考えるという、取り組み方の姿勢が違うということです。

その違いが自分のなかで分けられるようになったことも仕事改革を通じた学びの一つです。このときはまったく想像もしていませんでしたが、この翌年、世の中はコロナ禍に見舞われます。このときに私たちはマスクを作り、それが大きな反響を呼ぶことになります。マスクは不特定多数の人に提供する商品で、カスタマーサクセスではなくカスタマーサティスファクションによって商品の満足度が高まります。誰とどのような関係性を築きたいのか、誰にどんな満足を提供したいのかといった点で、カスタマーサクセスとカスタマーサティスファクションの2つのアプローチ方法が異なることを理解できたことが、その後の経営にも大きく影響することになるのです。

重要なのは分析力より行動力

ニーズを満たす、需要と供給のマッチングなどというと当たり前に聞こえますが、実際のところ、仕事が生まれる構造はシンプルだと思います。私は顧客から探し、顧客ニーズを考え、ニーズを満たせる強みを考えるという順番で取り組みましたが、顧客ニーズを出発点にすることもできますし、強みから考え始めることもできます。

いずれにしても自分から行動しなければなりません。顧客を待っていても声は掛かりませんし、顧客ニーズを教えてくれるわけでもありません。強みがあっても、その強みがどんなニーズを満たすのか伝えなければ興味をもってもらえないのです。私は会社の再建に向けた熱意があり、やる気も満ち溢れていたため、それがエネルギーとなって行動できました。周りの会社との大きな違いは、そこだったと思います。

ふと思い出したのは、過去に勤めていたファストフード店（外資系のチェーン店）で店長をしていたとき、アメリカ人のマネージャーが「日本人は分析をさせたら世界一」と言っていたことです。

ある時期、会社全体の売上が下がったことがありました。そのときに日本人のマネージャーたちはあらゆる角度から原因を分析し、ここに原因がある、これが理由だとプレゼンをしました。それを聞いていたアメリカ人のマネージャーが「日本人は分析をさせたら世界一」と言ったのです。この「世界一」は褒め言葉ではありません。うまくいかない要因を見つけ、それを言い訳にするのが世界一という皮肉です。

ファストフード店を運営していくうえで「雨が降ったので売上が減った」「近所に強豪のチェーン店ができたので客足が遠のいた」といったことは、たとえそれが原因だったとしても言い訳にしかなりません。店舗の運営も会社の経営も、なぜダメだったのかが分かるだけでは不十分だということを伝えていたのです。

一方、言い訳上手な日本人とは対局的に、欧米の人たちは行動力があるといわれます。分析力は日本人よりも劣りますが、課題解決に向けたアイデアを出したり行動したりする力が優れているということです。

実際、このときの解決策としてアメリカ人のマネージャーは営業時間を延ばせばいいという解決策を出しました。それが最適な解決策だったかどうかは分かりませんが、あれこれ分析するよりも営業時間を延ばしたほうが売上が増えるというわけです。

この案についても、日本人のマネージャーからはアルバイトの確保が難しい、夜間の人件費が掛かるといった意見が出ましたが、それも分析と言い訳がうまい日本人ならではのとらえ方でした。分析から見えることには限界があります。言い訳を始めたら何も行動できません。そのような考えから「まずやってみよう」「やってみてから考えよう」という結論に至り、深夜営業がスタートすることになったのです。

損しなければ失敗ではない

分析だけで止まってしまうのは、頭で考えたことや思いついたアイデアをアウトプットする力が不足しているからかもしれません。アウトプットは、表に出す、表現するという意味で、分析や勉強によって知識や情報を吸収するインプットと対になる行動です。

新しい取り組みを始めるためには、まず頭のなかにこんな方法がある、あんなことができるかもしれないといったアイデアを思い浮かべる必要があります。アイデアを考えるにはそのための情報となる知識や情報をインプットする必要がありますので、本を読んだりセミナーに通ったり人と会って話を聞いたりしてインプットの量を増やすことが大事です。

その点について思うのは、お好み焼き屋時代の私を含め、結果が出ない人、また結果を出すための行動力が足りない人は、インプットのための活動が多くアウトプットの活動が少ないということです。

インプットは大事ですが、インプットした情報などは組み合わせたりアレンジしたりして使いこなさなければ形になりません。課題解決も同じで、課題を分析して把握することは大事ですが、解決するためにはアウトプット、つまり分析した内容を踏まえ、具体的な行動によって解決していく必要があります。

例えば、課題が10個あった場合、そのすべてを一気に解決するのは難しいです。課題のなかにも深刻なものとそうでもないものがありますから、どれを優先して解決するか判断する必要があります。ここまでは分析でありインプットの領域です。

重要なのは、優先して解決する課題に対して具体的な行動を起こすことです。例えば、お金がないことが最も深刻な課題であれば、社内に経費削減の指示を出したり金融機関を回って融資を受けたりするといった具体的な行動ができます。設備がなければ貸してもらえないかと相談したり、人がいなければチラシをまいて人を集めたりすることができます。

これらは私が実際にやってきたことで、成果にも結び付きました。課題解決のアイデアがあるのに実行しないのは非常にもったいないことです。私たちの会社のように赤字を垂れ流しているような状況では、行動しないことが致命傷にもなりかねません。

私はその危機感があったため、思いついたことをまずやってみる気持ちで行動に移しました。損しなければいい、怪しい投資話などに騙されること以外に失敗はないと開き直っていました。それが行動力につながり、閑散期のマイナスを埋めたり新しい事業をつくったりするといったアウトプットにつながったのだと思うのです。

第3章
無断欠勤、突然の退職は当たり前の職場……問題だらけの社内環境にメスを入れる

固定観念から抜け出せない

売上を増やすための3つの打ち手によって、会社は債務超過から抜け出すことができ、経営面、特にお金の面では会社の安定度が高まりました。仕事改革はとりあえず成功です。

しかし、この改革はあくまで会社の再建の話です。マイナスの状態からとりあえずゼロに戻すための取り組みで、ゼロからプラスにしていく発展の状態に進めていくためにはさらなる改革が必要です。

会社を発展させていくためには、その担い手であり当事者でもある従業員が十分に力を発揮できるようにしなければなりません。会社の成長は社長1人の力では限度があるため、その限界を超えていくためにも彼らの能力ややる気を高めていく必要があります。仕事改革の3つの打ち手によって経営状態が安定したそのときこそ、彼らにも主体変容してもらい、思考と行動を変えてもらわなければなりません。

入社してしばらく経った頃、従業員を集めて質問したことがありました。会社は債務超過です。多額の借金もあり、閑散期は赤字です。この状態を続けていって、10年後にまだ会社が残っていると思う人は手を挙げてみてください、と問いかけたのです。

従業員は誰も手を挙げませんでした。その場にいた全員が今の状態ではダメだと分かっているわけです。ただ、現状を変えていくためのアイデアを聞いてみると何も答えが出てきません。

その様子を見て、私は固定観念が邪魔していると思いました。自分たちは洋服しか作れない、仕事を増やすことも加工賃を上げることもできないといった固定観念が彼らを思考停止状態にさせていると思ったのです。

実は私も、債務超過の解消に取り組み始める前は同じ状態でした。まず考えたのは、アパレルメーカーの仕事を増やすことです。従業員たちと同様、自分たちは洋服の縫製をしているのだから、洋服の仕事を探さなければならないと思ったのです。

しかし、これが固定観念であると気づきます。重要なのは縫製で稼ぐことで、そのための仕事は洋服以外でも構いません。むしろ会社の将来的な発展を考えるなら、仕事量が減っている洋服の分野よりも、それ以外の分野で仕事を見つけるほうが大事です。お金がない、売上がない、縫製の仕事がないといった問題の本質に目を向けたことで、私は洋服の仕事を取るという固定観念から抜け出し、それがきっかけとなってニッチな仕事を取るようになったのです。

その経験から思うのは、債務超過や長期的な業界の斜陽化といった大きな課題ほど、常識的な発想を捨てて、突拍子もないように感じる発想をもつことが大事だということです。私はこの業界では新人ですから自分たちは洋服しか作れない、自分たちの顧客は洋服の会社だといった固定観念から抜け出しやすかったのかもしれません。異業種にも需要があるのではないか、洋服以外に縫えるものはないだろうかなど、業界内の人と異なる視点をもつことが大事ですし、異なる視点をもつことによって解決策が見つかると思うのです。

大人は自由に絵が描けない

もう少し掘り下げると、重要なのは自由に想像し、発想し、考えることだと思います。その手本となるのは子どもです。

子どもは大人が思いつかないようなことを考えます。発想力も想像力も豊かです。白い画用紙を渡して「絵を描きましょう」と言えば、好きなように描き始めます。1時間でも2時間でも描き続けます。彼らには見えないものを見ようとする力と、形のないものを形にする力があるのです。

しかし、成長するにつれてその力は失われていきます。失われるというよりは、年齢や経験によってつくられる固定観念によって、自由な思考が封印され、制限されるといったほうが正しいかもしれません。

例えば、学校では先生が黒板に書いた文字を写して勉強をしています。真面目な子どもほど教科書に書かれている内容を覚えますし、ノートを取って暗記した子どもがテストで良い点を取り、優秀と評価される環境で学びます。

基礎学力をつけるという点ではそれも大事です。しかし、インプットとアウトプットという観点から見ると、そのせいで自由に発想する力が封じ込められているようにも思えます。学校教育では先生が言ったことや教科書に書かれていることが正解で、それ以外の答えは不正解です。これは洗脳のメカニズムにも似ていて、本当に正解なのか、それ以外に答えはないのかなどと考える機会が減るとともに、この問題はこうやって解く、この問題の答えはこれしかないといった固定観念をつくることに通じていくと思うのです。

その先にいるのが大人です。大人になると、白い画用紙を渡されてもほとんどの人が何を描いたらいいのだろうと考え込んでしまいます。新たなアイデアを出すためには、この状態から抜け出す必要があります。それが常識的な発想から抜け出すカギであり、子どものような想像力や発想力を十分に発揮できるようにすることが、新たな事業をゼロからつくるために必要な能力だと思うのです。

閉鎖的な職人の世界

社内を見渡すと、仕事改革によって仕事量が増え、いきいきと働いている人が増えました。しかし、その変化を前向きにとらえていない人もいます。人間は変化に弱い生き物です。新しいことに挑戦し、障がいや困難を乗り越えていくよりも、ラクで勝手が分かっている現状を維持したいと考えます。

その傾向が顕著だったのがベテランの職人たちです。彼らは私が子どもだった頃から工場で働いています。業界全体が浮き沈みするなかで何十年にもわたって洋服の縫製をし、それぞれの生活を維持してきました。

その期間が長いため、現状が変わることを嫌がります。変化によって自分の生活や会社内での立場が揺らぐのであれば、安月給でもどうにか暮らせている現状に安住したいと考えるのです。

入社して間もない頃、彼らの仕事の様子を見て驚いたことがあります。それは、後輩の職人にも実習生にも教えようとする姿勢がまったく感じられなかったことです。そもそも職人は口であれこれ教えるよりも作業の様子を見せて覚えさせるタイプが多いのかもしれません。しかしそのときは、むしろ自分の技術を秘密にしているような、誰かに教えたら自分の仕事の領域が侵されると警戒しているような、そんな雰囲気を感じたのです。

職場全体としても新しく入ってくる人を歓迎する雰囲気はありませんでした。普通の職場では新しい人が入ってくることを喜ぶと思います。新人がどんな人なのか興味をもち、質問したり会話をしたり一緒に昼ご飯を食べたりしながら、職場仲間としてまとまっていきます。

しかし、私たちの会社にはそれがありませんでした。ベテランはベテランで固まり、新人が入っていきにくいコミュニティができています。新人が休憩室で寂しそうにご飯を食べている様子を何度となく見かけました。声を掛ける人はいませんし、声を掛けないことがおかしいと思っている人もいません。

その様子を見て、私は会社が高齢化している理由が分かりました。未来の会社の屋台骨となる若い職人が育たず、定着せず、ベテランだけが残り、その結果として平均年齢が高い会社になっている現状は、変化を嫌うベテランの意識に原因があると思ったのです。

「なああ」の関係が変化を邪魔する

意識改革は従業員を巻き込み、彼らの意見を反映させながら快適な環境づくりに結び付けていくのが王道です。しかし、それは基礎がきちんとできている会社での改革だと思います。基礎ができていない状態ではトップダウンで改革を進めていくほうが効果的です。経営者が旗を振り、経営者自体も変わっていく意気込みを見せることで、会社の本気度が伝わり、従業員も変わらなければならないのだと認識してくれます。

そう考えて、私は細かな改革案を練りました。職人が変化を柔軟に受け入れ、固定観念をもたずに対応できるようになるために、彼らに変化する重要性を訴え、自分を含む経営も変えていこうと決めました。

この取り組みは、まずは経営トップである父と母を納得させるところからスタートしなければなりませんでした。両親は自分たちがベテラン職人を甘やかしてきた認識がありません。職人に気を使いながら仕事をしてきた期間が長く、それに慣れてしまっているのです。

また、ベテラン職人とは何十年もの付き合いがあり、良くいえば同志のように心が通じ合い、悪くいえば〝なあなあ〟の関係を続けてきました。そのため、改革の必要性は理解しながらも、だからといって急に経営者と従業員という立場に分けることには抵抗感をもっています。特にベテラン従業員は会社にとっての右腕、左腕、右足、左足みたいな存在で、彼らに向けて働き方を変えよう、意識を変えようなどと言えば彼らとの関係性が悪くなる可能性があります。両親はそれを嫌がりました。ベテラン職人のみならず、会社を引っ張っている経営者自身も変化を嫌がったのです。

しかし、そこで躊躇したら改革は進みません。会社の将来を考えるなら、本来なら社長と専務が率先して変化を促す必要がある。私はそう伝えて、まずは両親に変わることを求めました。経営者の考えが変わらなければ従業員も変わりません。会社が変わらなければ未来はなく、今まで変わらなかったことが債務超過や経営不振につながったのだと伝えました。

自分が主導者になるしかない

両親には、かなり厳しいことを真剣に伝えたつもりでした。しかし、改革は思うように進みません。職人たちとの関係性を壊したくないという両親の思いが根強く、本気で取り組むトップダウン改革にならないのです。

両親が改革に本腰を入れられなかった理由としては、会社を40年以上にわたって経営してきた自負やプライドがあったのかもしれません。私は業界では新人で会社においても新入りだったため、正論を振りかざすだけでは経営はできない、お前には分からない事情があるなどと思われ、そのせいで説得力が高まらなかった可能性もあります。

一朝一夕で改革できるとは思いません。しかし、両親が改革に後ろ向きの状態では会社は永遠に変われず、弱体化していきます。そう考えて、改革の主導権を私がもつことにしました。ベテラン職人たちに嫌われる役回りだったとしても、両親に期待できない以上、誰かがやらなければならず、その誰かは私以外にいなかったのです。

まずは意識改革の小さな一手として職人という言葉を廃止しました。彼らは縫製の職人ですが、職人という言葉でくることで技術は見て覚えるもの、丁寧に教えなくてもいいといった先入観が生まれます。それを日常的に使う言葉を変えることにより撤廃しようと考えたのです。

変化できない人とは一緒に働けない

ベテランには自らの技術を磨くことだけでなく、その技術を教えることも重要な役割であると伝え、時代に合わせて仕事の取り組み方を変えていくことを求めました。また、変わることの重要性については、一人ひとりと面談の場をもつなどしてかなり力を入れて伝えました。

時代は変わっています。20年、30年前とは仕事の取り組み方はもちろん、生活様式のあらゆることが別物です。

若者のライフスタイル一つとっても、私が若かった頃と今とでは若者のデートの中身が違います。車が欲しい、ブランド物を買いたいと思って育ってきた中年以上の層と、レンタルでいい、シェアで十分と考える若者層とでは価値観そのものが異なります。

仕事も同じです。「24時間戦えますか」が流行語にもなったバブル経済期は働き方改革の時代に変わりました。見て覚えるというスタイルでは通用しません。丁寧にコミュニケーションをとって、教えてあげなければいけません。

変化に鈍感な人は取り残されます。社会で無用な人になってしまいます。それを避けるためには変化に敏感になり、自らが変わっていく必要があります。そのようなことを地道に伝え続けました。従業員一人ひとりが社会のなかで価値ある人になり、そういう人の集団として会社が発展していくことを願って、一緒に変わっていこうと伝えたのです。

また、彼らは会社の発展を率いる重要なリーダー層です。ベテランがどう変わるかによって、これから増えていく若い従業員や新人たちの成長度合いも変わります。そのため、会社方針として若い人を育てたり自らを変えたりすることに異論があるのであれば、一緒に仕事をしていくことはできません。その場合には、最終判断として辞めてもらうこともあると伝えました。

『ビジョナリー・カンパニー』(ジム・コリンズ、日経BP社)の一説に、経営で重要なのは事業のアイデアより「正しい人材をバスに乗せること」とあります。私もその考えに従い、彼らには自らを変えることによって改革の担い手となるか、または改革に向かう会社というバスから下車する選択肢があると伝えたのです。

ベテランの退職で特別感が消えた

ほとんどの従業員は、すぐにとはいわないまでも、変化する重要性を理解し、自分たちの仕事の取り組み方を見直してくれました。仕事内容もかつては洋服の縫製のみでしたが、サポーターやパンツも扱うようになり、変わっています。その変化も、従来どおりではダメだ、新しい技術を身につけ、周りに教える役目を果たさなければならないと認識してもらう要因になりました。

しかし、変わらない人もいます。変わる必要性を感じず、変わろうとしない人もいるのです。

私が幼い頃から勤めていたベテラン従業員がその1人でした。勤続年数でいえばおそらく35年くらいになると思います。その人とは個別に何度も話しました。周りとコミュニケーションを取る、若い人に技術を教えるといった役目があると伝え、それができなければ辞めてもらうしかないと再三にわたって伝えてきました。

しかし、会社方針も意識改革の目的も理解してもらえず、意識も行動もまったく変わりません。そのため、その人には会社を辞めてもらうことにしました。そのことを告げると、あなたが小さい頃から働いてきたのにと恨み言を言われましたが、会社を発展させていくためには辞めてもらうしかないと判断しました。

この件では両親とも揉めることになりました。両親には、これまでの貢献を考えたら辞めさせるのは間違っている、恩を仇で返すようなものだと言われました。

これまでの会社の歴史において、その人の貢献があったことは事実です。その点についてはもちろん感謝の気持ちがあります。しかし、それとこれとは分けて考えなければなりません。かつては会社にとって必要だった人が、いつしか会社の発展を阻むがんのような存在になることもあるのです。

周りを見ても、他のベテラン従業員は会社方針を理解し、前のめりではないにしても、自らを変えることによって改革に協力してくれています。一緒に会社を発展させていこうとしています。周りが変わっていくなかで1人だけその変化を阻むのであれば、また、その頑固な思考が変わっていこうとしているほかの人に悪い影響を与える可能性があるのであれば、会社としては辞めてもらうことも含めて対応しなければなりません。

本心をいえば、辞めてほしくありません。一緒に変わり、一緒に成長していくことが理想です。しかし、人にはそれぞれ考えがあります。会社が目指す姿と個人として実現したいことが違うのであれば、その人の考えは尊重しますが、会社からは出ていってもらわなければならないのです。

その後、同じ理由でもう1人の従業員にも辞めてもらいました。人手不足が慢性化している中小企業にとって人を減らすのは厳しい判断ですが、改革には痛みが伴うものです。会社を発展させていくためには仕方がない、避けられないことと割り切り、判断しました。

一方で、これがきっかけで従業員の意識も変わったと感じます。2人の従業員を本当に辞めさせたことで、残っている従業員にも改革に向けた会社の本気度が伝わり、今まで以上に会社方針や改革に理解を示してくれるようになったのです。

これも職人意識によく見られる傾向なのかもしれませんが、専門的な技術をもっている人は、そこに自分の存在価値があると知っているので、自分の代わりをできる人はいないと考えがちです。それが特別感を生み、身勝手さを助長します。

しかし、私は実際に辞めてもらいました。しかも、辞めてもらったのは専門技術をもつベテランです。そのことで、従業員はおそらく技術があっても辞めさせられるのだと理解し、自分が唯一無二の存在であるという考えは間違っていたと気づいたと思います。これはトップダウンで改革を進めることの利点の一つで、職場環境の基礎を固めるために良い緊張感をもたらすことができるのです。

中堅層が変わることが大事

意識改革において、私はベテラン従業員を中心とする中堅の社員に変わってもらうことにこだわりました。実習生やパートの従業員にも時代に合わせて働き方、考え方を変えていこうと呼び掛けましたが、彼らとは面談もしていませんし、変われなければ辞めてもらうといったことも伝えていません。あくまでも中堅層を重視し、具体的には7人の幹部社員に意識を変えてもらおうと取り組み、そのうち2人は実際に辞めてもらいました。

そうした理由は、各部署のリーダーである中堅たちが変われば職場の雰囲気が変わり、仕事の取り組み方も変わり、彼らの下で働く人たちも自然と変わっていくだろうと考えたからです。言い換えれば、実習生、新人、パートの従業員が変わり、改革に向けてやる気を出したとしても、その上にいる上司が旧態依然とした働き方を続けている状態では会社は変われないということです。

例えば、新人が新しい事業の案を考えて上司に提案した場合、上司に変わる意識がなければ「そんな事業はできない」「無理に決まっている」と却下してしまいます。そのようなことが繰り返されれば、新人はやる気を失い、他の会社に移ってしまいます。私たちの会社は、このようなことを何年にもわたって繰り返してきました。だから新人が定着しませんでした。

他社の改革事例を見ても、うまくいっていないケースの原因は中堅にあることが多いと思っています。例えば、経営の再建や会社の発展のためにコンサルタントを使ってみたものの、コンサルタントと中堅層の意見が合わず改革が進行しないという話を耳にします。現場を動かしているのは現場の従業員であり、組織がピラミッド構造である以上、彼らは直属の上司である中堅層の指示に従うため、中堅層と会社方針が合致しない限り、現場は変わりません。改革に懐疑的な中堅層がボトルネックになるのです。

一方、上司の立場である中堅たちが変われば、変化のきっかけとなる新人の意見やアイデアを積極的に取り入れてくれます。変化する重要性を理解することで、アイデアを出そう、意見を言おうと促してくれるようにもなります。

改革で重要なのは、自分が変わることによって誰に影響を与えるかです。トップダウンの改革では経営者が変われば中堅が変わり、中堅が変われば現場の従業員が変わります。そのようなイメージをもって意識改革に臨んだのです。

環境が変わっていく恐怖

会社の本気度が伝わったことで、中堅であるベテラン従業員の意識は少しずつ変わり、行動にも変化が見られるようになりました。私が入社した頃よりも現場でのコミュニケーションは増えましたし、実習生やパートの従業員たちは技術を教わることで成長し、ベテラン従業員たちも教えるというアウトプットの活動によって、分かりやすく教える、相手の立場で考える、チームで仕事に取り組む姿勢をもつといった成長が見られるようになりました。

一方で、なかなか意識が変わらなかったのが専務である母親です。母とは、ベテランの2人に辞めてもらった頃から意見がぶつかることが多くなり、私は母の旧態依然とした考え方に不満を感じ、母は好き勝手に改革を進める私に不信感をもつようになりました。

主張や意見がぶつかり合うことに関しては、私は特に問題視していませんでした。私の意見が常に正しいわけではありません。別の角度からの意見も大事ですし、母は創業時から父を支えてきましたし、経営にも関わってきたわけですので、その点での尊敬もあります。また、改革に関しては私に最終決定権を委ねられていたため、私に反対意見をもっても構わないと考えていました。

しかし、そのうちに何でもかんでも私のやることに批判的な立場を取るようになります。会社の発展のため、改革を進めるためという本来の目的に関係なく、私がやると言えばやらないほうがいいと反対し、やらないと言えばやったほうがいいと反論するようになったのです。母としては、私が主導権をもって改革を進めることにより、自分の影響力や権限が縮小していくことが気に入らなかったのかもしれません。また、改革が進み、現場の人たちの意識が変わっていくことで、自分にとって居心地が良かった環境が変わっていくことを嫌だと感じたのだと思います。

そもそも母は会社を自分のものととらえる傾向がありました。創業時から会社を育て、一時は何十人という社員を抱える会社にまで育てたわけですから、そういう気持ちになるのも分かります。会社への愛着も人一倍強いはずです。

会社に愛情をもつことは良いことですが、その愛情が間違った方向に進むと自己満足のための愛情になり私利私欲の経営になり、独裁国家のようになります。天才と呼ばれるようなカリスマ経営者であれば独裁でも会社は発展すると思いますが、そうではない場合、独裁経営の未来はないと思います。会社は個人の所有物ではありません。社員と社員の家族の生活を支えている基盤です。母はその意識がもてなかったため、自分の会社が変わってしまう、守らなければならないという考えになっていったのです。

経営は自己満足ではない

私が抱く母への不満と、母が抱く私への不信感がそれぞれ募り、ついにそのときが来てしまいました。私は我慢の限界に達して、専務である母にも辞めてもらうことにしたのです。

その日は経営トップである父と母のほか、各現場の責任者が集まる定例の幹部会議でした。徐々に改善しつつある各部門の状況などについて報告を受け、今後の会社の方向性についても話し合いました。その過程では、母がいつものように私の意見に反発します。またかと思いながら冷静に対応を続けましたが、そこで母はとんでもないことを言います。私が提案したアイデアを実行するなら、自分は明日から会社に来ないと言い出すのです。

母は私を脅すつもりだったと思います。自分がいなければ会社は動かない、専務として会社を育ててきた自分の代わりはいないしクビにできるはずもないだろう――。そういう自信を根拠に、私のアイデアを止めようとしたのです。

会議のメンバーはシーンとしました。父も困った表情を見せて黙り込みました。母には専務としての担当業務がありますから、放棄されたら困ります。そのことを考えて、母の意見を受け入れたほうがいいという雰囲気になりました。

重い沈黙のなかで、私はもう限界だと思いました。母が根拠もなく反発してくる状態では意識改革は進まず、会社も発展しません。母が仕事を放棄することは会社にとってデメリットですが、このまま母の身勝手を許せば、それも会社にとってデメリットです。そう考えて、私は決断しました。

「じゃあ、来なくていいです。今日限りで辞めてください」

そう言うと、父も幹部社員たちも驚きました。しかし、反対意見を言う人もいません。おそらく父も幹部社員たちも、母の発言や態度に少なからず疑問をもっていたのだと思います。その光景に、誰よりも母がいちばん驚いていました。自分は会社に必要な存在であるという自信が根底から否定されたからです。

ここからは会議というよりは親子喧嘩でした。同席している幹部社員たちには親子の醜態を見せて申し訳ない気持ちがありましたが、私は母の問題点を指摘し、母は自分の考えを主張するという恥ずかしい喧嘩が始まりました。

私が伝えたかったのは、会社の視点に立った思考で発言をしてほしいということです。母は自分のプライドと自己満足のことしか考えていませんでした。明日から会社に来ない、役割を放棄するという発言はまさにその思考が表れたもので、それが会社、社員、顧客の不利益になることをまったく考えていません。自分さえ良ければいいと思っています。

そう指摘しましたが、母には伝わりませんでした。母は母なりの持論で反発し、会議室を出ていきました。結局、その日で母は会社を辞めることとなったのです。

家業の継承は難しいものです。家族や親族で経営の中核を構成している場合、どうしても意見が言いづらくなります。意見が食い違うことで彼らとの関係性が悪化するのではないかと心配してしまうからです。

私はこのとき、断腸の思いで母を更迭しました。ベテラン社員に辞めてもらったときよりも苦しい決断でした。しかし、それができなかったとしたら改革は進みませんでした。旧来のやり方を守ろうとする母の考えに賛同する人と、改革によって会社を変えていく私の考えに賛同する人による派閥の対立が起き、会社が分断され、分解したかもしれません。

そうならないように対策を講じること、会社を一つにまとめ、分断の原因があるなら、それを適切に排除することも私の役割なのだと理解しました。会社の未来のために家族でさえも切ることができるか、家族や親族だからという感情にとらわれず経営の視点で判断ができるか、その覚悟が問われる立場なのだと実感したのです。

ちなみに母とは数年後に和解して、若い従業員を育ててもらう技術指導者として復帰してもらうことになりました。会社の発展のために母に一度辞めてもらったことについては正しい判断だったと思います。

しかし、私自身の反省として売り言葉に買い言葉で、辞めてくださいと言った部分があります。改革に躍起になっていた私には時間を掛けて母を説得する余裕がなく、母の問題についても、幹部社員がいる会議で指摘するのではなく、個別に話して伝えたほうがよかったと思います。

そのような点を反省して私は母に謝りました。そして、自分に悪い点があったと認めたうえで、あらためて会社の発展のために力を貸してほしい、母がもつ知識や技術を後進に伝えて、一緒に会社を発展させていきたいと伝えたのです。

第4章

働く目的・目標もなく
指示待ちの社員たち……
10の社内ルールを徹底させ
黒字経営を実現する

人の確保が未来を決める

波乱を呼んだ意識改革が進み、会社の発展に向けて一緒に取り組める従業員が残りました。現場は変わりつつあります。一緒に発展を目指せる仲間として一つにまとまるチャンスです。この流れに乗って、私が次に取り組んだのが人の組織体制の改革です。そのための一歩として、仕事量の増加を見据えた人材の拡充に取り組み始めました。

どの企業も事業を拡大したいと考えています。新しいアイデアで新しい事業をつくりだしたいと思っています。

その土台となるのは人です。私たちの会社も若い従業員が採用できず、採用できても定着しないという厳しい状況が続いていました。この状況を変えなければ発展の段階には進めないだろうと考えたのです。

採用による人の確保と、教育や職場改善を通じた人材の定着に関しては、私には一つの持論があります。それは、これからの経営は人材確保が最重要だということです。

過去を振り返ってみると会社が発展していくパターンは時代ごとに違います。かつての発展のカギは商圏を広げることでした。分かりやすくいえば陣地取りです。フランチャイズや全国展開などがその一例で、私が過去に勤めていたファストフード店もフランチャイズ展開しながら成長しました。大手企業などは海外進出に力を入れて国外で商圏を広げていますし、少し大きな視点で見れば、ロシアや中国が国外に侵攻していくのも陣地取りの考え方です。

ただし、それは経済が上向きで人や需要が増えているときに有効な方法です。また、私たちのように国内を市場とする会社は国内経済の動向を踏まえる必要があるため、現状のように人が減っている状況では商圏を広げても思うように売上は伸びません。都市部は別ですが、地方は過疎化によって経済が右肩下がりの状態が続いていますから、コストを掛けた地方進出で新たな需要を取りに行ってもかつてのような見返りが見込みづらくなっています。

そのような状況に変わっていくなかで、会社の次の発展方法はシェアを取ることがカギとなります。人が増えず、需要が頭打ちになっていることを踏まえて、特定の業界内で顧客の囲い込みに力を入れるということです。安売りによるファン獲得やSNSによるファンづくりはその一例といえます。人が減っても囲い込んでいるファン、つまりシェアが伸びれば会社は発展します。

ファンとシェアの獲得は今も重要ですが、人口減少がさらに進む社会では、次の一手として働き手の確保を考える必要があります。いくら良い商品を思いついても、その商品を作ったり提供したりする人がいなければ商売はできません。すでに飲食チェーンでは働き手が確保できないことが原因で深夜営業をやめたり店舗を閉じたりしているケースもあります。

一方で「シンギュラリティ」や「デジタル・ディスクラプション」といった言葉が近年聞かれるようになりました。日々すさまじいスピードで進歩を遂げているＡＩが、人類の知能を超える日もそう遠くないと思います。２０２２年11月にローンチした人工知能（ＡＩ）を利用した自動応答システム「チャットＧＰＴ」は、わずか２カ月で月間アクティブユーザー数が１億人に達したと推計され、大いに注目を集めています。

このようにＡＩに代替される業務がますます増えていくなかで、優秀な人材の獲得はどの企業においても至上命題になるのは間違いなく、これから先、人の確保に失敗した会社が潰れていくと思います。陣地、シェアの次に人を取り合う時代が来ることを想定して、会社はこれから従業員を確保し、長く働いてもらえるような環境を整えていく必要があると考えています。

採用した人を育てていく

採用や教育はすでに多くの中小企業に共通する悩みとなっています。その理由の１つは長期的な人口減少ですが、そのほかには中小企業の待遇や職場環境が見劣りすることが挙げられます。

大企業と比べて中小企業には教育などに掛けるお金と時間の余裕がありません。有給休暇取得率や福利厚生の充実といった働き方改革の取り組みも遅れがちです。人や環境に対する投資ができないため、人を採用しづらく辞めやすい状態になってしまうのです。

そうなると業務をこなしていくために社長や幹部が現場で仕事をすることになります。汗を流して働くのもよいのですが、現場の仕事が増えるほど、社長は経営方針を考える時間がなくなり、幹部社員は人を育てる時間がなくなります。会社において本来やらなければならないことができず、そのせいで会社が発展しなくなるのです。

中小企業の現実として、現場を飛び回っている経営層がたくさんいます。私もそのうちの一人で、営業もしますし仕事や意識の改革も担っています。その実態について、お金がない、時間がないと理由をつけるのは簡単ですが、言い訳するばかりでは何も変わりません。この状況から抜け出すために、今こそ採用と教育を抜本的に見直し、変えていく必要があるのです。

大手企業を見ると、毎年のリクルート活動で新卒社員などを大量に採用しています。この伝統的なやり方には異論や反論もありますが、経営者目線で見ると私は正直にいってうらやましいと感じます。

パートやアルバイトの採用も、例えば、チェーン店で働いていたときはまったく悩みませんでした。当時はまだコンビニも少なく高校生がアルバイトできる場が少なかったため、働き手に困ることがなく採用側からすれば選び放題の状況でした。

しかし、今の環境は違います。ブランド力や知名度がない中小企業は、待っているだけでは働き手は来ません。かといって大々的に採用活動を展開するお金もありません。縫製のように人気がない業界は新卒採用やリクルート市場とは違うところに目を向けて人を採用していく必要があります。

そのような実態を踏まえて、私は採用と教育の基本方針を決めました。自社の社風に合う人や必要なスキルをもつ人を選ぶ大手のやり方ではなく、入社してくれた人を自社の社風に合う人に育て、必要なスキルを身につけてもらうことを大前提にしたのです。そのために採用の門戸を広げ、より多くの人を対象にし、長く働いてもらうための育成の仕組みを構築していくやり方にしなければならないのです。

即戦力を求めるデメリット

採用方針として、即戦力を求める考えからも離れようと決めました。中小企業は従業員の育成に掛けるお金や時間が足りないという理由から即戦力を求める傾向があります。しかし、人が減り、採用が難しくなっていくなかでは、そもそも即戦力となる人材を採用できるのかという最大の疑問があります。また、縫製の仕事にはある程度の技術が必要ですが、ＩＴエンジニアや大工といった業種ほど専門性が高いわけではありません。未経験の外国人実習生でも1年ほどすれば現場で通用する技術を身につけますし、技術指導の仕組みさえつくれば戦力になる人を育てられます。

つまり、高度な専門性を必要とする業種と比べて即戦力を求める必要性が低いため、即戦力を求めたり、そのためにコストと時間を掛けたり、高い給料を払ったりするよりも、戦力にならない新人を戦力にしていく施策を構築することにお金と時間を掛けるほうがよいと思ったのです。

さらに、即戦力として入社する人は中途採用が前提です。技術力はあるかもしれませんが、仕事との向き合い方や取り組む姿勢など技術以外の面では前職の会社の考え方が染み込んでいる可能性が高いといえます。私たちの考え方に合う人が即戦力で入社してくれればよいですが、考え方が異なる人が入るとせっかく発展に向けて一つにまとまりかけた会社に不協和音が生じる可能性があります。

ベテラン従業員や母に会社を辞めてもらった経験から、考え方や価値観を変えてもらうのは難しいことなのだと身をもって分かりました。考え方や姿勢を変えてもらうことより、縫製の技術を覚えてもらうほうがおそらく簡単です。

その点でも、即戦力の中途採用にはデメリットが多いと思いました。未経験の人も対象にして、技術を教え、私たちが大事にしている価値観や社風も教えていく仕組みをつくることがコスト的にも時間的にも最も良いだろうと思ったのです。

異質な人が固定観念を変える

即戦力の中途採用が私たちのような会社にとって良い影響を与えるとすれば、リーダー層やマネジメント層を異業種から採用する場合だと思います。縫製業界は旧態依然としています。バブルという過去の栄光と成功体験から抜けきれず、今までの方法がこれからも通用すると思い込んでいます。

この考えは頑固にこびり付いているので、生半可な改革では変えられません。そういうときこそ、異業種出身のマネジメント層を入れることによってあえて不協和音を起こすことが刺激になります。この方法は諸刃の剣で、マネジメント層と現場の従業員の対立を生む可能性もありますが、異文化と新しい考え方を社内に取り込むことが一種の劇薬になり、会社を良い方向に変化させるきっかけになることもあると思うのです。

振り返ってみれば、異業種から未経験で取締役になった私にも当時の会社にとっては劇薬のような存在だったと思います。実際、現場とは対立が起きてベテラン従業員にも母にも辞めてもらうことになりました。

ただ、大局で見れば今のところは良い反応を起こす劇薬になったと思います。会社が崩壊するような対立にまで発展しなかった理由としては、私が二代目でいずれ社長になることが既定路線として理解されていたことや、久しぶりとはいえ現場の従業員と顔見知りの関係だったことが大きかったといえます。厳密にいえば異業種の人なのですが、昔から知っている、会社との縁が深いといった点で、生え抜きの経営者に近いところがあったということです。また、会社をどうにかしたいという二代目としての意志が強かったことも理由だと思います。

もし私が縁もゆかりもないまったくの他人で、いわゆるプロ経営者やコンサルタントのような立場で改革に取り組んだとしたら、耐えられなくなって辞める人が続出したかもしれませんし、私自身が改革を諦め、辞めてしまっていたかもしれません。

追い風が吹くなかでの賃金交渉

採用方針が固まったら、次は人を集めるための具体策です。この会社に入りたい、この会社で働き続けたいと思ってもらうための施策が必要です。

これは2つのアプローチで考えました。1つは、給料体系や待遇改善といった外発的な動機づけによって入社する人や働いている人に魅力を感じてもらうことです。外発的は外部から何かを提供するという意味です。もう1つは、仕事のやりがいや仲間と一緒に仕事をする楽しさなど内発的な動機づけです。内発的は、入社する人や働いている人の意思や感情に働きかけることです。

外発的な面では、まずは平均年収が200万円台という状況をどうにかしなければなりません。収入が少な過ぎる状態では安心して働くことができませんし、給料が低いということは会社の収入も少ないということですので、経営の不安定さも従業員を不安にさせる要因になります。

この点を改善するには取引先と加工賃の値上げ交渉をするしかなく、それは私の役目です。もちろん、値上げしてほしいといって簡単に交渉成立するわけもありません。そもそも縫製業界は国や行政に問題視されることもあるほど賃金に関する問題が多い業界です。賃金が非常に安いだけでなく、残業代の未払いも多く、外国人技能実習生を不当に安く働かせている会社もあります。加工賃の安さは私たちの会社だけに限らず業界全体に根ざす過去何十年来の課題なのです。

ただ、今なら交渉の余地があるかもしれないという感覚はありました。そう感じた理由は2つあります。1つは、ブラックな環境で働いている人がその実態をSNSなどで発信するケースが増えたことにより、雇い主である会社も、またその会社に仕事を依頼している大手企業もコンプライアンスを意識するようになったことです。SNSの情報は一瞬で大勢に拡散されます。批判が批判を呼び、会社のイメージは大きく傷つきます。その恐怖感が膨らんでいる今なら安く止まっていた加工賃も交渉次第で上げてもらえるのではないかと思ったのです。

2つ目の理由は、SDGsやエシカルの考えが浸透し始めたことです。例えば、コーヒーやチョコレートなどは貧困国の子どもの労働などを巻き込まないフェアトレード商品が増えています。服飾業界も、海外で作っている製品については原料である綿などの収穫や工場での加工作業などで児童労働があるのではないか、人権問題に関わる雇用があるのではないかといったことが少しずつ話題になっていました。

海外と国内では事情が異なります。しかし、国内でもあるメーカーが技能実習生を不当に働かせていたことが明るみに出て、工場の前でデモが起きたり、その様子がニュース番組に取り上げられたりする出来事がありました。当然、会社やブランドのイメージは低下します。不買運動などに発展すれば売上も大きく減ります。そのリスクを取引先に伝えれば、加工賃を見直してくれるかもしれません。少なくとも交渉の余地はあります。そう考えて、私は取引先との値上げ交渉に挑むことにしました。

信頼が交渉を有利にする

取引先との交渉では、私たちの生産工程がどうなっているかを明確にし、どの工程にどれくらいの時間が掛かっているか、どの商品を作るためにどれだけの人件費が掛かっているかを伝えました。今の品質を維持するためにはこれくらいの加工賃が必要ということを正直に伝え、その結果、取引先は加工賃の値上げに同意してくれました。スムーズに交渉が進んだ背景としては、取引先のコンプライアンス意識が高まっていたこともありますし、これまでの取引を通じて私たちがしっかりとニーズに応え、信頼関係を構築してきたことも大きな理由だったと思います。

タイミングは大事です。この交渉は、コンプライアンスを重視する世の中の潮流がなければうまくいかなかったかもしれません。

信頼も大事です。普段から納期遅れやB級品が多い工場だったとしたら、加工賃を上げてくれといっても鼻で笑われたことと思います。

タイミングの面でいけるかもしれないと思ったのは私ですが、信頼をつくったのは品質を維持し続けてきた従業員たちです。そう考えて、私は値上げによって増えた売上をボーナスとして従業員に還元することにしました。会社の売上はまだまだ苦しい状態でしたが、そういう状態だからこそ、従業員優先でボーナスを出すことが外発的動機づけとして大事だと考えたのです。

最後にボーナスが出たのは15年前です。私が入社するよりもかなり前のことで、従業員の間では自分たちはボーナスと無縁と考えている人がほとんどでした。それだけに、喜びも大きく、なかには感動して涙を流す人もいました。その様子を見て、私は改革に取り組んで良かったと実感しましたし、従業員のため、会社のためにさらに頑張ろうという気持ちになりました。従業員も同様、ボーナスが出たことによって改革に取り組む意味や意義を理解し、期待に応えていこうという気持ちになってくれました。

また、15年ぶりにボーナスを出せたことについて、私は値上げに同意してくれた取引先にも感謝を伝えに行きました。すると取引先の担当者も自分のことのように喜んでくれたのです。料金が安いと文句を言うのは簡単ですが、文句を言っても従業員と会社の関係性も、会社と取引先の関係性も悪化するだけです。取引先のイメージが損なわれないようにコンプライアンスのリスクを伝えたり、従業員の努力に真っ先に感謝したり、相手の立場で考え行動することで関係性は良くなり、一つのチームとして強くまとめることができると思うのです。

パフォーマンスは能力とやる気の掛け算

給料体系の改善を含む外発的動機づけでは、私は「従業員ファースト」を掲げて取り組むことにしました。従業員ファーストは、東京都の都民ファーストのようなスローガンで、まずは従業員が喜び、満足できることを第一に考え、実行するということです。

組織改革や社員のやる気の向上などに取り組む他社の事例などを見ていて感じるのは、うまくいかない会社ほど従業員の待遇を後回しにしているということです。例えば、お金がない、時間がないといった理由で技術や知識の習得といった勉強を個人に任せたり、業績が悪いので最低賃金のまま上げなかったりしています。

経営の事情として待遇を良くするのが難しいことは分かりますが、その状態が続くと従業員のやる気が低下します。やる気はあらゆる活動の源泉ですので、低下することによってパフォーマンスは下がり、アイデアや意見を出す人も減っていきます。

それでは人は育ちません。従業員一人ひとりが十分に能力を発揮し、日々、その能力を伸ばすことができ、10人の力がチームワークによって20にも100にも膨らんでいくようにするためには、ものづくりの前に人づくりを考えることが大事だと思うのです。

また、パフォーマンスは、個人がもつ能力だけで決まるのではなく、その人のやる気など感情との掛け算によって決まるものだと思います。能力レベルが10、やる気レベルが10の人は100のパフォーマンスを発揮しますが、何かがきっかけでその人のやる気が2倍の20になれば、パフォーマンスは200になります。

逆に、やる気が半減して5になればパフォーマンスは50に減ります。やる気ゼロの人は、いくら能力があってもパフォーマンスはゼロです。やる気がなく、会社や仕事に対してマイナスな感情をもっている人は、パフォーマンスもマイナスになり、周りに迷惑を掛けるようになります。

突き詰めていえば、経費を誤魔化したりするのも、面倒だからといって検針作業をサボるのも、もっと身近なこととして遅刻をしたり仕事で手を抜いたりするのも、その根底にはやる気が関係しています。縫製の技術はあるわけですからきちんと仕事はできます。しかし、その能力と掛け合わせるやる気がゼロだったりマイナスだったりするから、能力を発揮できないばかりか、会社や周りに迷惑となるような行動をしてしまうのです。

もちろん、業績が苦しければ簡単には給料を増やすことはできません。しかし、やる気を高める方法はほかにもあります。売上が増えたときに真っ先にボーナスを払うこともその一つですし、休みを取りやすくする、有給を増やすといったことも一つの方法です。現金を出すのが難しければ、例えば、社宅費を安くするなどして従業員の負担を減らすこともできますし、福利厚生を手厚くすることもできるかもしれません。

私たちの会社も基本給を上げるのは難しかったのですが、クリスマスにはケーキとチキンを全員に配っていました。小さなことですが、それでも会社が従業員を大事にしている気持ちは伝わります。会社は自分たちのことを見てくれている、気に掛けてくれていると感じることで、従業員のやる気は高まりやすくなります。それが能力や生産性を高めるエネルギーになり、結果として会社の売上も増えていくと思うのです。

物欲よりも承認欲求の時代

給料やボーナスなどを含む外発的動機づけは大事です。どれだけやる気があってもご飯が食べられない仕事では誰も来てくれませんし、辞めてしまいます。

ただ、外発的動機づけだけでやる気を十分に高めることはできません。外発的動機づけは、分かりやすくいえばニンジンをぶら下げるようなものです。おいしいニンジンをたくさん食べさせようとする会社の取り組みは重要ですが、それよりも大事なのは、ニンジンの有無に関係なく、当人が自分の意思で走りたい、頑張りたいと思う気持ちを育てること、つまり内発的動機づけの施策なのです。

これは特に若い人たちのやる気を高めるという点で重要なポイントだと思います。そう思うのは、今の若い人たちは物欲よりも承認欲求を重視するといわれる世代だからです。

承認欲求は、自分の行動や存在を他人に認められたいと思う欲求のことです。また、自分で自分の存在価値を認め、自分自身を認めたいという欲求でもあります。

心理学の分野で有名なアブラハム・マズローの5段階欲求説では、人の欲求は低いほうから順に生理的欲求、安全の欲求、社会的欲求の順に満たされ、その上に承認欲求、さらにその上に自己実現欲求があります。生理的欲求は、食べる、寝るといった生きていくための欲求、安全の欲求は、その言葉のとおり、戦争や治安の悪さなどを心配せずに安心して暮らしたいという欲求、社会的欲求は、社会のなかにあるグループや組織に属し、受け入れてもらいたいという欲求のことです。

現代の生活様式を見てみると、日本では飢え死にすることがほとんどなく、戦争もなく、仕事や趣味のグループなどに所属しながら暮らすことができるため、ほとんどの人が社会的欲求までの3つが満たされています。そのため、多くの人はその上にある承認欲求を満たしたいと考えます。SNSで「いいね」をもらったり誰かに褒められたときにうれしく感じるのは承認欲求が満たされるからで、そのうれしさが行動の動機になり、SNS投稿に没頭したり、いいねといわれるようなブランド物を買ったり、ボランティア活動で汗を流したりするわけです。

その点でもう一つ特徴的なのは、バブル経済期を知っている年齢層以上は、かっこいい車に乗ったり、高級腕時計を買ったり、高級レストランで食べたりすることによって周りに認められようと考える人が多いのに対し、20代や30代は物欲や消費欲が薄く、金銭欲も弱い傾向があるという点です。そのため、給料を増やすから頑張ってといっても年配の世代ほどはやる気に結び付きません。

仕事をする動機としても、たくさん稼いでいい車を買いたい、出世したい、といった意識は弱く、それよりも、楽しく仕事をする、人の役に立つ、社会に貢献する、誰かに感謝されるといったことが仕事を頑張る動機になりやすい傾向があります。

私たちの会社の場合は、15年ぶりのボーナスだったことや、そもそもの給料が低いため従業員は喜んでくれました。しかし、連続してボーナスを出していけば徐々にうれしさが薄れますし、ボーナスが出たという理由だけではやる気が出づらくなります。むしろ、ボーナスが出なくなったときにやる気が低下する可能性もあります。つまり、それが外発的動機づけの限界であり、モノやお金や出世といった誰かに与えられるものだけではやる気が引き出しにくいのです。

一方、仕事そのものに価値を感じたり、誰かに感謝されたりすることで承認欲求が満たされれば、それが内発的動機になり給料やボーナスと関係なくやる気が出ます。そのエネルギーを生み出すための施策が重要で、内発的な動機をもってもらうことで、彼らはこの会社で仕事がしたいとより強く思ってくれるようになるのです。

環境を変える10個のルール

この会社で働きたいと思ってもらうにはどうすればよいかという施策を考えたとき、私は居心地の良い環境にすることが何よりも大事だろうと考えました。

職場の居心地が良くなれば、自分はここにいていい、ここにいたいと思うようになります。これは心理的安全性ともいわれる感情で、自分の居場所があると感じられるようになることで、その場である職場、仕事、会社に貢献しようという内発的な意欲も高まりやすくなります。

例えば、パワハラやセクハラをする上司がいると居心地は悪くなります。その人のために一生懸命仕事をしようとは思わないし、その上司がいる職場やその上司を雇っている会社にも嫌悪感をもつようになります。

逆に、自分の話を聞いてくれたり、努力を褒めてくれたり、困ったときにすかさず声を掛けてくれたりするような上司がいれば、その人のため、職場のため、会社のために貢献したいという気持ちになります。自分の後輩に対しても同じように接したいと思います。

私たちの会社にはパワハラやセクハラをする人はいませんでしたが、一緒に働いている従業員を仲間として受け入れ、一緒に頑張っていこうと声を掛けるような意識も低いように感じていました。そこで、環境を良くするために10個の社内ルールをつくることにしました。その内容は簡単なもので、朝来たときには相手の目を見ておはようと言う、ゴミが落ちていたら拾ってゴミ箱に捨てる、人の悪口や陰口は絶対に言わない、靴は必ずそろえる、約束の時間は必ず守る、整理整頓を常に心掛ける、ありがとうを1日10回言う、といったことです。

これらのルールを全員が守ることで、コミュニケーションが良くなり、会話が生まれやすくなります。日常的にコミュニケーションを取る関係性ができていけば、困っている人に声を掛ける機会も増えます。その積み重ねによって職場の居心地が良くなるだろうと考えたのです。

環境に目を向けたのには1つヒントがありました。私の娘は韓国のあるグループのファンで、あるとき、そのグループに密着するドキュメンタリー番組を一緒に見たことがありました。過酷なスケジュールや待遇の悪さが原因でメンバーがグループを抜けたり解散したりするグループがたくさんあるなか、そのグループは所属していた芸能プロダクションとの契約を延長しました。

理由について聞かれたアイドルは、周りのみんなが家族のような存在だからと言ったのです。その様子を見て、居心地が良く、関係性の質も高く、メンバーの心理的安全性が満たされているのだなと理解しました。私たちの職場もそういう場にしたいと考えて、仲間、同志、チームとしての一体感に安心できる環境づくりをしようと考えたのです。

環境が整えば気持ちも変わる

環境づくりという点では、ファストフード店で店長をしていたときの経験も活きました。いくつかの店で店長をしながら、あるとき、私はその当時プロブレムストアと位置づけられていた店を任されることになります。プロブレムストアは従業員の言動や売上などに何かしらの問題がある店舗のことで、そのチェーンでは、ある程度評価が高い店長がプロブレムストアの担当となり、改善できたらその上の役職に上がるような仕組みになっていたのです。

その店の問題は、まず高校生やフリーターのアルバイトたちの身だしなみがめちゃくちゃでした。茶髪や長髪の人もいますし、制服もヨレヨレです。また、倉庫ではゴキブリが出ますし、利用者が増える日曜日の昼にポテトがなくなるなど在庫の管理もできていませんでした。当然、クレームもたくさん来ます。態度が悪い、サービスの質が悪い、注文と違うものが来たなど、毎日何か問題が起きていました。また、店長に着任して分かったこととして、アルバイトの間でいじめがあり、そのせいで人が頻繁に辞めていました。問題が多すぎて、最初は何から手をつければよいか迷いました。やらなければならないことが山積みだったからです。

そこで、まずはアルバイトの休憩室となっている事務所の清掃から始めることにしました。休憩室は心と体が休まる場所でなければなりません。しかし、事務所は泥棒が入ったのかと思うくらい雑然としています。しかも、誰もそのことを気にせず、片付けようとする人もいませんでした。

着任初日は夜通しで片付けましたが、ものが多く、汚れもこびり付いているためまったく捗りません。それでも私はめげることなく、次の日も、その次の日も空いている時間で事務所を片付けました。これはひどいなあと思ったのは、店のスローガンを書いた紙が壁に貼ってあったのですが、破れて剥がれかけていたことです。そんな状態ではいくら立派なスローガンを掲げても誰の心にも響きません。そう考えて、私は100円ショップで額縁を買い、スローガンを掛け直しました。そのほかにも、DIY感覚で棚を作ったり整理するための引き出しを置いたりしながら、コツコツと事務所を居心地良い場にリフォームしていったのです。

変化が起きたのは掃除を始めて1週間くらい経った頃のことです。ようやく事務所がきれいになり、次に倉庫を片付けようとしていたときに、アルバイトの子が「手伝いましょうか」と声を掛けてきたのです。

私はその提案を喜んで受け入れて、飲食店の倉庫とは思えないような倉庫を一緒に片付け始めることにしました。アルバイトの感想、学校の様子、将来の目標などについて会話しながら、日々、コツコツと片付けていきます。すると、さらに協力者が増えます。1週間ほど経つ頃にはほぼ全員が手伝ってくれるようになり、和気あいあいと片付けをするようになりました。

褒める要素ができた

一緒に片付けを進めていく過程では、在庫管理の方法を確認したり、効率良く食材を出し入れする方法などについて話し合ったりしながら、倉庫だけでなくオペレーションも改善していきました。その結果、ポテトが切れたりすることもなくなり廃棄する食材も減り、気づけば、お互いに挨拶するようになり、だらしなかった彼らの服装もいつの間にかきれいになっていきます。店内の掃除も行き届くようになり、接客の仕方も良くなっていったのです。

そうなると、私は彼らを褒めることができ感謝できます。今日もいい挨拶だね、店がきちんと掃除できているね、アイロンを当てた制服が似合っているね、無遅刻、無欠勤で来てくれてありがとうといった声掛けができます。それが彼らの承認欲求を満たし始め、さらに彼らが頑張ってくれます。

3カ月後には店の売上が1・3倍になりました。もともと問題だらけの店でしたから、きちんと運営できるようになれば伸び代はあります。店の居心地が良くなったことで、シフトが入っていない日にも店の様子を見にくる人が現れ、アルバイト仲間で旅行や遊びに行く人が増えていったのです。

このときは承認欲求や内発的動機づけなどに関する知識がなかったため、事務所の片付けから始めたのも彼らを褒めて感謝したのもすべて我流です。ただ、今になって分かるのは居心地の良さが人を変えるということです。自分にとって大事な場所は、自分の意思できれいにしようとします。もっと良い場にしていこうという意識が働きます。褒められることでやる気が高まり、時給がいくらかに関係なく仕事をすることが楽しくなります。

今の会社も同じように変えていけると思いました。高校生も大人も人間です。人の行動は感情や心理状態で変わります。そう思った私は環境づくりと環境を良くするためのルールの浸透に力を入れていったのです。

リーダーが率先して行動する

環境づくりでは、ベテランよりも若い人たちにとって居心地が良いかどうかを重視しました。ベテランはすでに何十年と働いています。長く働いているということはそれなりに居心地が良いと感じているということです。

一方、若い人は会社では新参者ですから、どうしても肩身が狭くなります。そこで不安を感じると居心地が悪くなるため、できるだけ新人に声を掛けるような社風を目指そうと考えました。

現状は、新人が入ったら私が近くについて仕事を覚えていく様子を見守ります。一から十まで教えるわけではありませんが、誰かが近くにいて、困ったことがあったらなんでも聞けるような状況をつくることが安心感を醸成すると思うのです。

もちろん、毎日付きっきりになることはできません。今は月に1人くらいのペースで新人が入るので対応できますが、今後従業員数が増えていけば全員に対応することも難しくなります。そこで重要になるのが各部署のベテランであり、先輩従業員たちです。彼らには環境を良くするルールを通じ、彼らを見守り、心理的安全性を感じてもらう役割を担っていってほしいと思っています。

そのためにも、まずは私が先頭を切って手本を見せることが大事です。ファストフード店の店長をしていたときのことにも共通しますが、「こうしよう」「ああしてくれ」と口で指示するだけでは人は動きません。理想を語るだけでも不十分です。口だけで行動が伴わない人には説得力がないからです。

まずは自分が行動してみせ、会社をどういうふうに変えていきたいのかを分かりやすく伝えることが大事です。新人にとって居心地が良い会社にしたいのだなと伝われば、また、そのために私がどんな具体的な行動をしているかを見せれば、やがて真似する人が増え、広まっていきます。この人についていこう、この人のやりたいことを応援し、支援しようと思う賛同者が増えれば、その瞬間から改革は加速します。おそらく社風はそのようにしてつくられていくのだと思うのです。

「ありがとう」は相手を認める言葉

新人への対応では、環境を変える10個のルールの1つに掲げた「ありがとうを言う」もよく使いました。ありがとうは、一般的には何かしてもらったときの感謝を示す言葉ですが、私は会社では相手を認める言葉だと位置づけています。つまり相手の承認欲求を満たす大事な言葉の1つということです。

ありがとうと言われるとき、自分はその人に対して何か喜ばれることをしたはずです。感謝されるということは、相手がその言葉や行動を通じ、自分を承認してくれたという意味で、ありがとうをたくさんもらうたびに承認欲求が満たされます。

また、自分の存在を自分で前向きにとらえる自己肯定感と、自分が誰かや何かの役に立っていると認識する自己効力感も高まり、その結果として自信がもてるようになります。「ありがとうを1日10回言う」ルールは、感謝を習慣化し、お互いに感謝する頻度を高めることで、社員同士で自信を高め合うことを目指すルールでもあるわけです。

新人との接し方でも、ありがとうが自信を高めることにつながります。まずは来てくれたことに対してありがとうが言えます。誰でも不慣れな場所に行くのは緊張するものです。特に若い人は社会経験が少ないため、出社初日の前夜は緊張して眠れなかったかもしれませんし、どんな人がいて、どんな仕事をするか分からない不安もあります。

しかし、ありがとうという言葉で迎え入れられれば自分はここに来てよかったのだと安心できます。ベテランになると会社に来るのが当たり前という思考が強いですが、当たり前という気持ちで迎えられると寂しいですし、よく来たね、ありがとうと迎えられると自分の気持ちを理解してもらえたと感じ、心理的安全性を実感できるのです。

また、仕事を覚えたての頃は一つひとつの仕事に対してもありがとうと言えます。縫製の仕事は慣れが重要ですし、うまくなるまでには本人の器用さも影響します。ウサギとカメのようなもので、すぐに覚え、できるようになる人がいれば、時間が掛かる人もいるものなのです。仕事が遅い場合、ベテランはつい指示を出してしまいますが、それは自信を損なわせる行動です。ですから、遅かったとしても、まずはできたこと、やってくれたことを認めることが大事ですし、そのための認める言葉が「やってくれて、ありがとう」だと思うのです。

自分で考える機会をつくる

個人の性格に合わせた対応にも工夫しました。新人といっても人それぞれ性格が違います。前職の業種、これまでの経験、さらにさかのぼればどういう家庭で育ったかによって思考や行動が異なります。

例えば、前職でパワハラを受けるなどつらい経験をしたり、親に厳しく育てられたりした人は自信がなく、メンタルが弱い人が多いと感じます。このタイプの人に共通しているのは周りの人からの愛情が不足していることで、そのせいで自分が好きではなく、なかには自分なんて生まれてこなければよかったと思い込んでいる人もいます。そのような人には、まず自信をつけてもらうことから始めるようにしています。

私たちの会社では、新人はまずパンツの腰の部分にひもを通す作業をしてもらいます。これはその人の器用さを見る狙いがあり、1つ何秒でできるか、1時間で何枚くらいできそうかを見ることで、どういう仕事を任せるのがよいか考えることができます。このとき、自分に自信がない人は緊張して手が震えます。うまくできないと自覚するとさらに自信を失ってしまいます。

自信を失うと消極的になり、行動や挑戦ができなくなります。そうならないためにも、私はできるだけその人が簡単にできる仕事をしてもらい、自信をつけてもらうことから始めるようにしました。ひも通しが難しければアイロン掛けができるかもしれません。縫製といってもミシン掛け以外の仕事がいくつもありますから、そのなかで本人に心理的な負担が掛からない仕事を選び、マスターしてもらうのです。

また、作業工程を覚えてもらいながら、自分で考える機会もつくります。自信をもつという点ではこれも大事なことだと思っています。

例えば、何か質問を受けたとしたら、答えを言う前にその人がどう思うか聞きます。工程についてアドバイスする場合も、こうすれば早くできるとは言わず、スピードを上げるためにはどうしたらいいのか、アイデアを1つか2つ挙げてもらうようにします。

返ってくる答えが私と違っていても問題ありません。返事があれば、意見を言ってくれたことにありがとうと言えますし、意見を言い、それが認められることで、その人は少し自信をもつことができます。作業中のコミュニケーションでは、そのやりとりが大事だと思うのです。

自分で考えるようになると、作業を覚えるスピードも作業そのもののスピードも速くなります。従来型の指導方法のように、見て覚える、聞いて覚えるだけではなかなか技術は身につきません。しかし、自分で考えるようになるとアイデアが浮かびます。そのアイデアを提案できる環境があると、実践しながら「この方法はいまいち……」「それならこういう方法はどうだろうか?」などとさらに考えるきっかけができます。早く覚え、速く作業ができれば、褒められることによってさらに自信も高まります。

このような環境をつくっていくことで、体感的にですが、私たちの会社の従業員は、一般的な作業者が10年掛けて達する水準に3年くらいで到達していると思います。実際、工場見学に来る取引先の人なども、新人が作業する様子を見ながら「まだ半年ですか?」「経験者ですか?」と驚きます。自信をつける、考えさせる、認めるの繰り返しは新人にとって居心地が良い環境をつくるとともに新人が成長しやすい環境をつくることにも結び付くのです。

周りの度量が人を育てる

自信がない人がいる一方、自信過剰な人も入ってきます。仕事の内容や働くことを侮っている人や、KYと呼ばれるような、空気を読めずに余計なことを言ってしまい周りの人とうまく関係がつくれないタイプの人も入ってきます。私たちは社風や仕事に合う人を選ぶのではなく、入社してくれた人を育てていく方針ですので、いろいろなタイプの人が入ってくるのです。

KYの人は職場で煙たがられる傾向があり、仲間外れにされたり、ひどい場合には職場でいじめられたりすることがあります。私たちの会社にも、前職で人間関係がうまくいかなかったという人がいて、そのなかにはKYの人が多いように感じます。

KYの人の対応は難しく、私たちとしても現場のチームワークを醸成していくうえで相手やその場の雰囲気を気遣った言動をしてほしいと思いますし、人間関係をうまく構築していくために自分の言動を変えてほしいと思います。ただ、その際には伝え方が大事です。強く指摘すると、そのせいで疎外感を覚え居心地が悪いと感じてしまう可能性があるからです。

重要なのは、指摘をした場合にその指摘を聞き入れてもらえるまでの過程を焦らないことだと思います。また指摘する際の伝え方も、ただ単に否定するのではなく、あのときの、あの言葉はあんまり良くなかったと具体的にやんわりと伝えることが大事だと思います。人の言動はすぐには変わらないものです。そのことを前提にして、ほんの少しでも変わればそのことを認め、また、変わろうとしていることを認めます。これも承認欲求を満たすことにつながり、相手が自分のことを分かってくれたと実感することで本人も変わろうと思うようになるものなのです。

一概にはいえませんが、自信がない人が周りの人たちからの愛情不足が原因であるのに対し、仕事に本気でない人やKYの人は比較的過保護な環境で育ってきた人が多いように感じます。お風呂で例えるなら、彼らは幼少期からこれまでぬるま湯につかっていたと思います。しかし、世の中は冷たく、厳しいものです。このギャップに慣れるためには周りの人の愛情が必要だと思います。愛情というと重い表現に聞こえるかもしれませんが、世の中はこういうものだから我慢しろと迫るのではなく、私はもちろんのこと先輩や部署のリーダーが大人になり、まずは受け止めて、変化があればそのことを認めてあげる度量がいると思うのです。それができれば新人も疎外感を抱くことなく徐々に世の中に慣れることができます。周りが自分を受け入れ、承認してくれたことに感謝の気持ちが生まれ、現場の一体感が醸成されていきます。

採用リスクは人が採れなくなるリスク

承認欲求に目を向け、個人の性格に合わせた対応を続けていくと、新人は想像以上の早さで会社に慣れ、周りに溶け込めるようになります。自信を失い、仕事も生きていることも後ろ向きに考えていた人は、自分の意見を言うようになり、周りの人たちと冗談を言い合って笑うようになります。もっと症状が重く、お好み焼き屋時代の私のようにうつに近い状態にまで気持ちが落ちている人も、職場に居場所があると分かって安心し、楽しんで働くようになります。

また、ほとんどの人は慣れない職場と仕事への緊張感から最初は素の顔を隠しています。口数が少なく、声が小さく、当たり障りのないことだけ言って自分の主張はしないのです。しかし、そういう人も1年もする頃にはすっかり慣れて、私がちょっと忘れ物をしたりすると「また忘れ物ですか?」「しっかりしてくださいよ」と笑いながら励ましてくれることもあります。

その状態になったら新人は卒業です。役職などに関係なく思っていることを堂々と言えるようになるのは、相手を信頼し、その場に安心しているからです。そのため、彼らが居心地良く感じているかどうかを判断する1つの目安として、過度に気を遣わず、余計な遠慮もせず、仲間として対等の立場で会話ができるようになるかどうかを見ていきました。

採用や新人教育に取り組んで分かったことの1つは、もの分かりがいい人ばかりではないということです。私たちの役目は人を育てていくことですから、その仕組みさえしっかりとつくれば誰が来ても仲間として受け入れることができますし、そもそもの課題である人口減少や中小企業の人手不足といったことも解決できます。

経験がない人や心理的に不安定な人を採用することをリスクととらえる人もいますが、私はそうは思いません。いい人を採ることが採用の目的だと考える人もいますが、私はそうも思いません。過去がどうであれ、家庭の事情が複雑であれ、彼らを受け入れ、育てていける会社であれば、どんな人もいい人であり、貴重な人材だと思うのです。

採用リスクを怖がったり採用する人を選り好みしたりしていては人手不足に陥って会社が回らなくなります。それこそが恐れなければならないリスクです。入社当初から掲げてきた変化をキーワードにして、新たに入ってくる人にも変化を求めれば、未経験者でもすばらしい戦力になり、一緒に会社の発展を目指す同志になれると思うのです。

みんな違うから強くなる

採用や新人教育に取り組んで、もう1つ分かったことがあります。それは、会社は個性の集合体であり、似たタイプの人ばかりが集まる会社よりさまざまな人がいる会社のほうが強いということです。これは最近の言葉でいえば多様性やダイバーシティ経営ともいえます。

顧客のニーズという点から考えると、最近は企業も消費者もニーズが細分化していることから、従来のような顧客ターゲットという言葉ではくくりづらくなり、顧客をより細かく設定するペルソナという言葉がよく使われるようになりました。都市部の20代女性、地方の40代の中間管理職といった顧客設定ではニーズが絞りきれず、どんな性格か、家族構成は何人か、職種は何か、貯蓄はどれくらいあるかといった具体的な情報を設定して、より的確にニーズをつかむサービスが評価されるようになりました。個人の時代に変わったといってもよいです。

そのなかで商品やサービスをつくっていくうえでは、作り手も個人の視点が大事です。マスの時代で主たる顧客ターゲットとなっていた最大公約数のような存在だけでなく、そのなかに含まれない人のニーズを理解し、彼らに向けて多様な商品やサービスを提供していく重要性が増しています。

似たタイプの人ばかりが集まる組織ではなかなか多様性が広がりません。属性面では、独身の人がいて、家族もちがいて、シングルマザーがいて、子どもがいない人がいたり、性格や経歴の面では、飛び抜けて明るい人と内気な人がいたり、異業種出身の人がいたり、障がいをもつ人やうつになりかけた経験がある人がいるなど、一つの組織のなかにさまざまな視点があるからこそ、個人のニーズを見る視野が広がりますし、相手の困りごとに共感したり、課題を見つけ出したりする力も高まると思うのです。

後輩を教える仕組みをつくる

業務の面でも、器用な人と不器用な人、社交的な人と内向的な人など、さまざまな人がいることが大事です。例えば、採用では仕事ができる経験者を採用しようと考える人が多いかもしれません。特に縫製など製造業は技術力と経験を重視しますので、技術の有無や技術の高さを見て採用するかどうかを決める会社がほとんどです。

できる人が集まれば作業効率は良くなりますが、できる人はできるのが当たり前と考える傾向があります。できない人の理由が分からず、相手の立場に立って教えることができなければチームワークは生まれませんし組織全体としても成長しません。逆に、なかなか仕事が覚えられなかった人や不器用だった人は、できない人の理由が分かり、気持ちも分かります。技術者として成長するだけでなく後進を育てる教育係としても成長できるため、そのような人が増えることで中長期的には会社も発展していきます。

実際、技術や経験を問わない採用を始めた頃、現場からはできる人を採ってほしいという要望がありました。私が決めた採用方針に対して、その方法では会社は伸びない、人の育成に時間とお金が掛かるため採算が取れないといった意見もありました。

採用した人のほとんどは未経験者で仕事を覚えることからスタートするため、当初は業務効率が上がりませんでした。人件費を換算すると赤字状態で、言ったとおりではないかと指摘されました。しかし『ウサギとカメ』でいえばカメの新人たちも、1年、2年と経つときちんと仕事ができるようになります。新たに入ってくる後輩にも丁寧に教えるため、新人が仕事を覚えるスピードも徐々に速くなっていきます。

そして、毎年新人を採用しながら、2年目の新人が1年目の新人を教え、1年目の新人はさらに次の年に入社する新人を教えるという積み重ねを6年ほど続けたとき、現場は1年生から6年生までいる小学校のようになりました。高学年が低学年の面倒を見て、苦手なところがあれば手伝ったり支えたりしながら一緒に成長していく環境ができたのです。

即戦力やできる人ばかりを採用していたらこのような組織はできませんでした。できる人の多くは経験者で、6年生だけ採用するようなものですから、年齢層も給料も高くなります。彼らの引退の時期が来たら現場が空洞化します。学校でいえば生徒がいなくなって廃校になるようなものです。

その点、新人を育て続ける組織は常に若さを維持できます。6年生たちが稼ぐ役を担うだけでなく、低学年が育つことで10年後の会社も安定します。そのことからも従業員の経験や技術のレベルは多様であってよいと思いますし、多様性がある組織だからこそ相手の苦手や欠点を受け入れることができ、助け合いながら一緒に成長できると思うのです。

人に仕事を合わせる

業務については、未経験の人でも仕事を学んでいきやすい仕組みをつくることも重要です。その際の大前提は、仕事に人を合わせるのではなく、人に仕事を合わせるということだと思います。

縫製の仕事はいくつかの工程があり、ミシンが得意な人もいればひも通しが得意な人もいます。

最終的にはすべての業務を身につけてもらいたいのですが、最初からうまくできる人はいませんし、できたという感覚を通じて自信をもってもらうためにも、最初はできる仕事からスタートしてもらうことが大事です。

そこで、まずは難易度別に工程を順番づけして、まずはAの工程から始め、次にBの工程、その次にCの工程へと技術力に応じて進んでいく仕組みをつくりました。AからBに移る際には、それまでBの工程を担当していた人が教育係となって教えます。Bの人はCに進み、そこではCの工程を担当していた人から学びます。

生産現場では、B工程の人が足りないから新人に担当させる、C工程の担当者が辞めたから補充するといった配置を行うことが多いのですが、いきなり難しい工程を任せてもうまくいきません。できないと実感して自信とやる気を失ってしまえば辞めてしまうこともあります。それを避けるためには仕事ではなく人に合わせることが大事なのです。

また、仕事ではなく人に合わせるという点は採用面接のときも念頭に置きました。作業の複雑さという点ではAの工程が最も簡単でも、人によってはAよりもBの工程のほうが向いている場合があります。他の従業員と共同で作業することより、1人で黙々と仕事をしたいと思っている人もいます。

そのような可能性を考えて、採用面接ではこの人はどんな業務が向いているだろう、この人はどんな性格だろうなどと考えながら質問をしました。器用そうだからあの業務に向いているかもしれない、性格的にこっちの業務がやりやすいかもしれないなどとイメージし、時には業務の内容を説明しながら「こういう作業はどう?」「自分に向いていそう?」などと会話をして、適材適所で輝ける場を与えるということです。それぞれの個性に合わせて業務を割り当てることも従業員ファーストですし、そのような配慮があることで人は育ちやすくなり、辞めにくくなるのです。

安心できる場なら意見が言える

人が育ち、お互いに教え合う仕組みと風土が出来上がっていくなかで、職場では目に見えた変化も起き始めました。その1つは、現場のコミュニケーションが活発になり、仕事を早く覚えたり効率良く進めたりするためのアイデアが出やすくなったことです。

コミュニケーションの面では、会話も増えました。例えば、仕事を覚え始めた新人には、先輩から次はどの工程をやってみたいか、この工程が向いているのではないか、といった声が掛かりますし、何かやってみたい工程があった場合には、指導を買って出る先輩も増えました。

新人は毎年入ってきますので、年代が近くなります。それもあって仲良くなりやすく、現場のコミュニティが生まれます。これは心理的安全性を実感するうえで重要なポイントです。職場のなかに頼れる人や支えてくれる人がいると居心地が良くなり、お互いを気遣う気持ちも養われていくからです。

また、各部門の上長も従業員にとっては頼れる存在ですが、彼らの役割は生産工程や担当業務などの管理で、質問や相談があった場合は別として、具体的な指導などはしません。細かな技術指導は先輩から後輩に教えるのが基本で、現場発のアイデアとして、例えば、作業工程を動画に撮って新人に見てもらったり、ＹｏｕＴｕｂｅなどで分かりやすい解説動画を探してみんなで勉強したりといったことが自然と始まりました。動画などのツールを使うアイデアは若い人が多い現場ならではで、ベテランのみの現場ではおそらく生まれなかった発想だと思います。

そのような様子を見ながら、やはり重要なものはやる気の醸成なのだと思います。また、やる気をもって仕事に取り組める環境と仕組みさえつくれば従業員は定着しますし、中小企業の課題である人手不足の問題も解決できると思うのです。

余談ですが、たまにＳＮＳなどでどうすれば部下のやる気を高められるかと質問を受けることがあります。責任ある仕事を任せたいけど積極的になってくれない、指導はしているが言うことを聞いてくれないといった悩みの相談を受けることもあります。

私の経験からいえるのは、それらはすべてやる気の問題であり、やる気が出る環境づくりで解決できるということです。付け加えるなら、目先の売上を追いかけるのではなく、10年先の会社はどうなっているか、どうしたいかといった構想をもって、若い人たちが楽しく切磋琢磨でき、職場というコミュニティに親近感と安心感をもてる環境づくりを中長期の目線で継続的につくっていくことが重要だと思います。

QCD以外の価値

経営面での成果としては、2017年に採用方針を打ち出して組織改革をスタートし、その3年後の2020年に離職率が実質ゼロになりました。実質ゼロというのは、期間満了で実習生が母国に帰ったり、夫の転勤で引っ越したりすることになったなど辞めざるを得ないケースを除いて、会社を辞める人が0人になったということです。

これはかつての会社の状況からは想像できないことであり、信じられないことです。私が入社したとき、すでに会社の離職率は高止まりしていました。若い従業員は実習生だけで、残っているのは私が幼い頃から知っているベテラン従業員だけです。彼らが20代から50歳前後になるまでの間に入社した人たちがほぼすべて辞めているような状態だったのです。

しかし、今は従業員のほとんどが20代や30代です。従業員の平均年齢も50代から30代に下がりました。

工場見学に来る取引先の担当者も、ほとんどの人が第一声でこんなに若い人が多い工場は他にないと驚きます。斜陽化する縫製業界のなかで、私たちの工場は唯一無二といってもいいくらいの若くて活気がある工場に生まれ変わったのです。

これは取引先の信用獲得にもつながります。工場は、基本的にはＱＣＤと生産能力が評価ポイントになり、これらをＰＤＣＡによって改善していくことが信用獲得に結び付きます。しかし、若さというのも大事です。なぜなら、若い人が多く、しかも離職率が低い工場は会社として長期的な操業ができるということであり、取引先としても安定した取引ができる工場だと評価できるからです。

経営面でもう一つ大きな成果といえるのが、採用コストが下がったことです。離職率が高い会社は、人が辞めるたびに補充する必要があり、その都度コストが掛かります。縫製業界は決して人気職ではありませんから、新しい人を採用するまでに時間とお金が掛かりますし、補充できない状態が続くと生産性も低下します。

しかし、人が辞めなければそのような心配はいりません。採用コストとして使っていたお金を社内環境の改善や福利厚生の充実などに使うことができ、さらに人が辞めない会社にしていくことができるのです。

また、働きやすい会社として評価されるようになると、その評価や評判そのものが採用に結び付きます。例えば、私たちの会社には専門学校の卒業生がいます。その人が居心地良く感じ、長く働いていることで、専門学校側では「あの工場では当校の卒業生が活躍している」「満足して働いている」と評価が生まれ、次の卒業生のおすすめの就職先として紹介されます。

パートやアルバイトも同じで、例えば、パートで働いている主婦の従業員が満足してくれれば、ママ友のネットワークなどで私たちの工場を紹介し、新たな仲間を連れて来てくれます。縫製の未経験者でも一から教えてくれる、周りが丁寧にサポートしてくれるといった話を聞いて、安心して応募してくれます。本来であれば、彼女たちに会社を知ってもらうために広告費が掛かりますが、そのようなコストを掛けなくても、評判、口コミ、紹介などで人が集まってくるようになるのです。

うまくいかなかった原因

組織改革は経営の面で多くの気づきがある取り組みになりました。一方、私自身についてもあらためて気づいたことがあります。それは、自分は教育が好きだったということです。

ファストフード店で働いていたときは自分が飲食に向いていそうだなと思いましたし、その思いがあったから、お好み焼き屋を開きました。家業に入って会社の再建に取り組み始めたときも、がむしゃらだったので自分が何に向いているのかは分かりませんでした。ただ、採用と教育を通じた組織改革に取り組んでいくなかで、ここには債務超過を解消したり、ベテランに辞めてもらって意識改革したりしたときとはまったく違う感覚がありました。率直にいえば、楽しかったのです。忙しく、やることも多く大変なのですが、若い仲間が増えることも、彼らが仕事を覚えて成長していく様子も、現場でアイデアを出し合いながら楽しくしていることも、そのための環境を考え、つくっていくことまで含めて、楽しいと感じ、そのときに自分は人を育てることが好きだったのだとようやく分かったのです。

同時に、ファストフード店にいたときになぜ会社で高く評価されていたのかも分かりました。

私は接客や調理がうまいわけではありません。店舗展開やマーケティングなどが得意なわけでもありません。ただ、高校生やフリーターのアルバイト従業員をやる気にさせるのがうまかったと思います。その成果として従業員たちが成長し、店の売上も伸びました。

当時を振り返ってみて、会社は私の「やる気にさせる」という点を評価していたのだと分かりました。また、そこが当時から自分の長所であったこと、長所という強みを発揮できていたから仕事が楽しく感じられたのだということも分かりました。

その後は独立して2度の失敗をするわけですが、その理由も分かりました。1度目の企業はパソコンサービスの会社で、このときはただお金を追っていただけです。人を育てることとは無縁ですし、お金は人と違って成長したり喜んだりしてくれないので、そういう手応えが得られず、一生懸命になれなかったこともうまくいかなかった原因だと思います。

その結果、お客の来ない店でゴロゴロと寝て過ごすだけの毎日になりました。本当は人材育成がしたいのにもかかわらず、そのことに気づかず自分は飲食に向いているはずという思い込みにとらわれたまま、人生のどん底の時期を過ごすことになったのです。

そう考えると、この会社に来たことは幸運でした。経営状態も従業員のやる気も最低の状態でしたし、私自身も無気力で、ただ存在しているだけの最悪の状態でしたが、そこでようやく自分が人材育成が好きなのだと分かりました。それを通じて会社を発展させ、従業員も自分も成長させていくという仕事のやりがいは、どん底まで落ちてやっと見つけたものだったのです。

赤字まみれの家業を引き継ぎ、新規事業の開拓、社内の刷新……。さらに、やる気のない指示待ちの社員を生まれ変わらせるために10個の社内ルールを設けることで、社員の自主性も上がり業務効率も着実に改善していきました。これらのピースを一つひとつ当てはめていくことで会社も立て直し、承継から5年後には黒字化することができたのです。

第5章

コロナ禍でまさかの売上70%ダウン……ニーズを先取りして売上15倍のV字回復を達成

コロナ禍で注文が止まった

仕事、意識、組織体制の3つの大きな改革を経て、会社が変わり、従業員の意識も変わり、私自身も変わりました。社内の雰囲気も取引先の評価も、私が入社した頃の会社とはまったく別の会社になり、経営も上向き始めました。

人は基本的には変化を嫌います。環境が変わると心理的に不安定になり、今まで培ってきた立場や知見の価値が下がることがあるため、つい現状維持を選択し、勝手が分かっている従来の場に安住しようと考えるものなのです。

しかし、変化は成長とも言い換えられます。背が伸びることも業績が伸びることも、あらゆる成長は変化であり、変化を嫌うということは成長を放棄することにつながります。また、変化することで良い成果が生まれると、変わることが楽しく感じます。私たちの会社もそうでした。従業員は旧態依然とした毎日に退屈していましたが、仕事の内容も仕事への取り組み方も変わった今はいきいきと働いています。

一方、変化には自ら起こす主体的な変化と外部環境によって起きる受動的な変化があります。

受動的な変化は、変化に置いていかれる、巻き込まれるといったマイナスな感情を生みやすく、経営では想定していなかった変化が大きな危機を招くこともあります。

２０２０年から感染拡大が始まったコロナ禍はその代表的な例といえます。世の中の大半の会社がそうであったように、ようやく発展に向けた軌道に乗りかけた私たちの会社もコロナ禍によって注文が止まり、再び経営危機に陥ることになったのです。

変化への対応で難しいのは正解が見えていないことです。唯一正しいのは変化の本質をとらえて素早く対処することなのですが、経営にダメージが出ている状態で下手に対応すれば傷口を広げることになります。そのリスクを避けようと様子見していると手遅れになる可能性もあります。何かしなければならないことは分かっていても、何をすればよいか分かりません。コロナ禍は世界中がその状態だったと思います。

全国で緊急事態宣言が発令されて、私たちの発注はほぼゼロになりました。注文がないのですから工場も止まります。前代未聞の状況による大きなショックと、理不尽さに対する怒りが膨らみ、私の頭は不安でいっぱいになりました。

想定外の変化でやる気が低下

経営判断としては、まず社員の健康と安全を確保することが第一です。そのため、従業員は全員休みにしました。受注が止まり、ラインも動かさないので、全員休みでも業務に支障はありません。私もこれといってできることがなく、感染したら一大事ですので、状況が見えてくるまで休むことにしました。

それからしばらくの間、家に閉じこもることになりますが、家にいて特にできることはありません。なんとなくニュース番組を見ていると、日々、感染者が増え、死亡者も増えていきます。両親は開店休業状態になった会社の資金繰りを心配し、お金を借りなければと焦っています。私も内心は焦っていましたが、どうにか平静を保ちながら、受注が再開するのはいつだろうか、従業員と家族を守る手立てはないだろうかなどと考えていました。

一方では来月になれば事態も落ちつき、すべて元どおりになるだろうといった楽観的な考えもありました。入社して会社の再建に取り掛かった頃、私は固定観念にとらわれた従業員たちがなんとかなると考え、問題を先送りしていることに気づきました。また、その姿勢を否定し、誰かや何かがどうにかしてくれると期待しても何も変わらないと批判したことがありました。状況は違いますが、このときの私はまさにその状態でした。誰かや何かがどうにかしてくれるのを待つしかなく、それが唯一の希望のように感じていたのです。

あらためて思うのは、外部環境の変化はやる気を著しく低下させるということです。私はこれまで数年間にわたって会社の再生に奔走してきましたが、急に暇になってしまったことでなぜかやる気も急速に低下し、気づけば昼間からお酒を口にするようになっていました。お酒を飲むことによって不安を紛らわせ、やることもできることもない現実から目を逸らそうとしていたのです。

大事なことは中学生が教えてくれた

何の進展もない日が何日か続き、その日も私は寝転がりながら一人でお酒を飲んでいました。気持ちは完全にふてくされています。誰もいない部屋で、コロナ禍一色のニュース番組をぼんやりと眺めていました。

ふと我に返ったのは、夕方6時のニュース番組のなかで、山梨県に住む中学生の女の子が出てきたときです。ニュースによると、彼女は今まで貯めてきたお小遣いやお年玉でマスクの材料を買い、家にあるミシンで毎日5枚くらいずつコツコツマスクを作ったといいます。そして、100枚くらいできたところで山梨県庁に寄付しに行ったという内容でした。

気づいたら大粒の涙がこぼれ落ちていました。番組が感動を促すようなつくりになっていたことや、多少酔っ払っていたことや、その子と私の娘が同じ年で感情移入しやすかったことなども影響したとは思いますが、私は彼女の行動に素直に感動しました。

自分ができることをして、みんなで助け合っていくのが人間の社会のあるべき姿だと気づくとともに、このまま死ぬのだったら最後にかっこよく人のためにやれることをやってやるという気持ちになれたのです。

ようやく涙が止まる頃には私の覚悟は固まっていました。誰かのせいにして誰かがやってくれると考える思考を捨て、一瞬で主体変容しました。受注がない、コロナ禍のせいだと責任転嫁していた状態からも抜け出したのです。

また、このときまでの私は、コロナ禍が終わったらという前提で物事を考えていましたが、その考えも変わりました。世の中は一生コロナ禍で、その状態で事業をしていかなければならない、元の世の中には戻らないという最悪の事態を想定して、そのうえで自分に何ができるかを考えたのです。

ピンチをチャンスに変えたい

気持ちが変われればやる気も出ます。私はコロナ禍という現実を正面から受け入れて、自分に何ができるかを整理しました。

まず明確な事実としてコロナ禍によって売上が大きく減りました。経営的には、このまま受注のない日が続けば、おそらく3カ月ほどで資金が尽きます。従業員は、具体的な数字までは分からないまでもこのままでは会社が危ないと分かっていますし、不安も感じています。会社としては、彼らが安心できるメッセージを出さなければなりません。安心してもらうためには、コロナ禍を切り抜ける施策を提示する必要があります。私たちにはピンチをチャンスに変える施策が必要でした。

そこで考えたのがマスク作りです。世の中はマスクがなくて困っています。これは言い換えればニーズです。一方の私たちは仕事がなく暇です。サポーターの仕事が少しあるくらいで、アパレルのラインは空いています。

ピンチをチャンスに変えるという視点で見れば、ラインが動いていないということは、新しく何かが作れる環境ができたということです。材料さえあればマスクでもなんでも作れます。お金になるかは分かりませんが、何もせずにコロナ禍が過ぎるのを待つなら行動したほうがよいと思ったのです。

そう考えて私は従業員たちの前で、マスクを作って困りごとを解決しよう、そのために力を貸してくれる人は工場に来てくださいと伝えました。ピンチをチャンスに変えるために、自分たちにできることを見つけて、人のため、社会のために行動しようと伝えたのです。

仕事と社会のつながりを考える

私はこのときまで社会貢献について深く考えたことはありませんでした。起業することや、今の会社では会社の再建に一生懸命だったため、仕事のやりがいや仕事を通じた自分の生きがいについても考えたことがありませんでした。

コロナ禍によって生まれた時間は、そういったことを考える良い機会になったのかもしれません。赤字脱却を果たし、従業員の意識と組織体制を改革した今こそ、私たちの会社のあり方を追求するタイミングのように思いました。また、これまでは自分たちのことに目を向け、今後についてもコロナ禍でどうなるか分からない状態でしたが、社会の役に立ち、喜ばれることが仕事の本質ではないかとも思ったのです。

従業員に対して、私のメッセージがどこまで届いたのかは未知数でした。誰もが不安を感じているものの、そのなかでピンチをチャンスととらえ直すことができる人がどれくらいいるだろうか、社会の役に立つという点に共感してくれる人がどれくらいいるだろうかと考え、そういえば、従業員とは仕事の話やちょっとした雑談はよくしていましたが、仕事をする意義や自分のありたい姿などについて話したことはなかったなと思いました。

人が集まれば、私は明日からでもマスク作りを始めたいと思っていましたが、従業員がいなければ工場は動かせません。そもそも世の中はコロナへの警戒心が大きく、外出自粛の雰囲気があります。休みますと言われたら来いとは言えない状況です。社会の役に立つという私の思いが伝われば、それが行動を起こすための思考や感情になると期待して、彼らの反応を待つことにしました。

翌日、私はまったく無用な心配をしていたことに気づかされます。従業員は誰一人休むことなく出社してくれました。医者も救急隊も働いてくれているのだから我々も頑張らないといけないといった声が聞こえ、私は胸が熱くなりました。

想像以上だったマスクのニーズ

ここから2週間は全員が一丸となって取り組みました。マスク作りをするための課題は2つありました。

まず私たちの仕事はメーカー相手のBtoBですので、消費者向けにマスクを提供するノウハウや術《すべ》がありません。医療機関向けに寄付するにしても、そのつながりもありませんでした。もう1つの課題は材料です。私たちはマスクを作ったことがないため材料をもっていません。

言い換えれば、この2点を解決すればすぐにでもマスクが作れます。そこで、まず材料は私が知り合いの業者などを回ってかき集めることにしました。マスクの寄付をしたいので材料を回してくれないかと声を掛けると、どの業者も好意的に協力してくれました。

調達した材料をもとに生産計画を立て、だいたい500枚のマスクを作ることができました。提供方法は良い案が浮かばなかったため、まずはSNS経由で寄付しようと決めました。たまたま私がフェイスブックのページをもっていたので、そこでマスク配布を告知して、必要な人に無料で送ろうと考えたのです。

１週間後、マスク５００枚ができました。さっそくフェイスブックには「先着５００名様にマスクを寄付させていただきます。創業40年超の縫製工場が作った高品質のマスクです」といったメッセージを載せました。すると、個人のＳＮＳであるにもかかわらずシェアが広がり、わずか30分ほどですべてなくなりました。

この反応を見て、私も従業員たちも、世の中にはマスクがなくて困っている人が想像以上に多いのだと分かりました。フェイスブックにはその後もメッセージが届き「まだ作っていますか」「売ってください」といった声が届き続けたのです。

困っている人がいるなら作らないわけにはいきません。ただ、材料の調達にコストが掛かる以上、毎回寄付というわけにはいかないので、適正な加工賃を設定して追加のマスクを作ることにしました。

ちょうどその頃、世の中ではマスクを買い占めてネットで高額で転売する転売ヤーが増えていました。マスクがなくて困っている人が多かったのも、そういう人たちによる買い占めが一因です。そのような背景もあって、工場直売価格で売っている私たちのマスクはかなり安く見えたのかもしれません。宣伝などはしていませんが、口コミで私たちのマスクのことが広がり、作っては売り切れ、作っては売り切れるような状態になっていったのです。

５月には、知り合いの生地メーカーから冷感素材の生地を仕入れ、ひんやりするマスクを作りました。ちょうど夏に向かっている頃でマスクが暑苦しく感じる季節になったことから、これも飛ぶように売れました。また、この冷感マスクはヤフーニュースで記事になり、一時、決済用で使っていたネット回線がパンクするほどの売れ行きになりました。

ここから2、3週間くらいは、ほとんど記憶がないくらい仕事に没頭しました。注文は北海道から石垣島まで全国から入ってきます。体力的にはヘトヘトなのですが心は十分に満たされていました。

うれしかったのは、従業員が主体的になって協力してくれたことです。儲かるかどうか分からないマスク作りに一緒になって取り組んでくれることもうれしいのですが、いろいろな意見も出してくれます。当初はBtoCでの販売方法が分かりませんでしたが、それならネット販売がいいと言い出したのは従業員です。私はその方法に疎かったため、結局、従業員にすべて任せ、販売と決済の仕組みを構築してもらいました。生地の選択、デザイン、縫製の方法などについても、こういうのはどうか、このほうが耳が痛くならない、この方法で作ってみようなどの意見が次々と出てきます。

これは意識改革を通じて変化する重要性を伝えてきた成果の1つだと思います。私があらためていうまでもなく、従業員はそれぞれ主体変容で前向きに仕事に取り組むように変わっていたのです。

感謝のメッセージがやる気を高める

消費者からは感謝の手紙やメールが届き、これもうれしく感じました。私たちはBtoBの事業ですから、通常は一般消費者と接点をもつことがありません。しかし、マスクは直接声が届きます。それが初めての経験ということもあり、自分たちが誰かの役に立ったこと、喜ばれていることが実感できましたし、そのようなメッセージをもらうことで、よりいっそう頑張らないといけないという気持ちにもなりました。

手紙の内容はさまざまで、例えば、妊婦の妻がマスクがなくて困っていた、高齢の両親を安心させることができたといった内容の手紙がありました。私はそれらをすべて従業員の目に触れる場所に貼り出しました。手紙やメールは従業員も喜びましたし、1日も早く届けようという気持ちが高まったと思います。従業員は、環境を良くする社内ルールとしてお互いにありがとうを言うことが習慣づいていますが、消費者からありがとうを言われることは初めてです。人のために仕事をする、仕事をして喜んでもらうことの実感が湧いたと思いますし、この仕事によって、会社全体としても1つの目的に向かって一緒に走るという意味で一致団結の気持ちがさらに強くなりました。

入社から取り組んできた意識改革や組織改革などを通じて、会社の一体感は少しずつ醸成されていったと思います。それが一気に強くなったのがコロナ禍だったというのが私の解釈です。

コロナ禍のような有事は、例えば、震災が発生したときや戦争危機のときなどもそうなのですが、変革の時であり、人間関係の結び付きを強くする機会になると思っています。もちろん人の考えはそれぞれですから、良心に基づいて人のために何かをしようと思う人がいれば、転売ヤーのように自分の利益のためだけに行動する人もいます。私はマスク生産で奔走しながら、私たちの会社にはいい人が集まっているとあらためて思いました。また、彼らと一緒に仕事ができるなら、会社の未来もきっと明るいはずだと思いました。

一方で、有事が起きず、変革の時が来なければ一致団結できない組織では困るとも思います。有事は一体感を強めますが、まったく連帯意識がない組織が急に一致団結するようなことは絶対にありません。

重要なのは素地をつくっておくことです。何かあったときには協力し、支え合い、相手のため、人のために尽くそうとする心を日々の仕事のなかで育てていくことだと思います。例えば、コミュニケーションが生まれやすい環境をつくることも重要ですし、「100年安泰の会社はない」「自分たちの10年後はどうなっているだろうか」といったテーマで危機感を共有し、解決策を出し合うなどしながら、日頃から目指す姿や危機感を共有していくことも大事です。

そのように考えて、私は今のこの会社の状態を維持していくために、会社と従業員が1つになるための理念をつくったほうがいいと考えました。今は相手や社会を思う気持ちが高まっていますが、コロナ禍が過ぎればその気持ちを忘れてしまうかもしれません。そうならないように、私たちがどういう存在で、世の中に何を提供する会社なのかを言語化し、いつでも必要なときに立ち返ることができるようにしたいと思ったのです。

必要なものが届けられない

マスクの注文が少し落ちついた頃、業者の仲間からは医療用ガウンが不足しているらしいという情報が入ってきました。ラインの余力はぎりぎりですが、調整すればガウンも作れます。そのための縫製技術もあります。マスク生産で人の役に立つ喜びを実感した私は、さっそくガウンの生産にも取り掛かることにしました。

まずは材料調達のためマスクのときと同様に知り合いの業者を回ります。医療従事者のためにガウンを作りたいと呼び掛けると、快く協力してくれました。ただ、資金はなく売り先もまだ決まっていません。その状態で10万着分の材料が欲しいと伝えると、それは無理だと言われましたが、絶対に売ると約束し、どうにかまとまった量の材料を確保することができました。

それからすぐにガウンのサンプル生産に取り掛かります。サンプルを作り、売り先を見つけ、契約に至ったらすぐに10万枚の生産に取り掛かることができます。一方、医療現場もぎりぎりの状態が続いていました。テレビをつけると大阪市の松井市長がカッパの支援物資を募っていました。ガウンがないならせめてカッパでどうにかしようというわけです。

一刻の猶予もありません。私たちはすぐに医療用ガウンを作り、行政や医療機関などにあたる準備を急ぎました。

ただ、ここまではよかったのですが、壁にぶつかります。サンプルを持って病院などに行くのですが、現場があまりにも混乱していてまともに話を聞いてもらえないのです。担当の人とは話しますが、私たちがガウンを作れること、10万着用意できることなどは院長に伝わらず話は進みません。それなら保健所はどうかと電話を掛けるのですが、こちらも回線がパンク状態でつながりません。

テレビを見ると、ニュース番組では相変わらずガウンが足りないという話をしています。私は手元にあるガウンのサンプルを抱えながら、届けられない悔しさを噛み締めたのです。

その後も医療機関には行き続けました。市長の事務所などに手紙も書きました。ふと石原軍団が炊き出しなどをしていたことを思い出し、医療機関とのつながりがあるかどうか分からないまま、電話やメールをしてみました。

一方では、ブログも書いてガウンがあることをアピールしました。しかし、個人のブログが医療機関や行政の目に留まるはずもありません。毎日ブログを更新しますが反応はなく、医療機関も空振りが続き、何の成果も出せないまま1週間、2週間と時間ばかりが経っていったのです。

1つのリプライが流れを変えた

つながりのない業界とはなかなか接点がもてません。業界内でも医療機関の知り合いがいないか聞いてみましたが良い返事は得られず、10万枚のガウンは行き場のないまま宙ぶらりんの状態が続きました。私ができることはブログを書くことと医療機関を当たり続けることしかなく、マスクのときとは打って変わって自分の無力さを痛感しました。

大阪府の吉村知事とソフトバンクの孫正義社長がツイッターでやりとりしているのを見たのは、まさにそんな状態のときでした。

吉村知事の呼び掛けに対して、孫さんは手配できると答えています。しかし、中国からの輸入品のため1カ月ほど掛かるともいっています。自分の無力感がさらに増しました。自分が行政とつながりをつくれないばっかりに、医療機関の人たちは1カ月も待たなければならないのです。そんなことを思いながら、ダメ元で吉村知事のツイートにリプライを送り「大阪の縫製工場です。10万枚、すぐに作れます」と書きました。一応、日々、書きつづっているブログのリンクも貼りました。

変化に気づいたのはそれから30分ほど経ったときのことです。フォロワー10人ほどしかいない私のツイッターですが、徐々にいいね！やリツイートが増えていきます。見てくれている人もいるが、知事に届かないだろうなどと考えていたところ、吉村知事ではなく、愛知県の大村知事から「愛知県の大村です。県庁までご連絡お願いします」という返信が来ました。

すると、スマホが壊れるのではないかというくらいのスピードでいいね！やリツイートの数が増え始めました。リプライを見ると、「吉村、大阪にガウンあるやんけ」とか「愛知に持っていかれるぞ」とか「何がカッパじゃぼけ」など、私のツイートやリンクで貼り付けたブログを見てくれた人たちによって炎上しています。

もしかしたらこれで流れが変わるかもしれない、という手応えを感じました。訪問しても電話を掛けても開けなかった行政とのつながりの道が、たった1つのリプライによって開くかもしれないと思ったのです。

ガウン生産の2つの課題

翌朝、出社すると従業員がパニックになっていました。ツイートを見た商社の人や他県の役所や医療機関から電話が殺到していたのです。連絡をくれた人のなかには県議会議員や国会議員もいました。そのような人たちとのつながりを通じて、無事に10万枚のガウンを売ることができたのです。

しかし、話はそこでは止まりませんでした。ガウン不足に困っているのは大阪だけではありません。全国の医療機関がガウンを必要としていたのです。そこで、議員の紹介を通じて国との交渉が始まりました。厚生労働省の担当者から話を聞いてみると、最低でも100万着のガウンが必要だといいます。生産量が多いのは作り手としてはうれしいことですが、問題は2つあります。1つは、100万着分の材料を調達するための資金がないことです。ざっと見積もっただけでも材料費だけで4億円ほど必要です。もちろん、私たちの会社の規模ではそこまでのお金を用意することはできません。もう1つの課題は、私たちの工場の生産能力では足りないことです。100万着ものガウンを作るためには、少なくとも私たちの10倍以上の規模の生産能力が必要だったのです。

状況を把握して、さすがに難しいと思いました。私たちのような中小企業が引き受けられる規模の仕事ではないと思ったのです。ただ、今さら引くのはもったいない話です。ピンチをチャンスに変えるなら、こういう仕事こそしっかり取らなければなりません。そう考えて、私は覚悟を決めました。課題が分かれば解決策も見える、という過去の改革の経験を踏まえて、資金も生産規模もどうにかできるはずと思うことにしたのです。

結局、資金は債権担保という方法でメガバンクから調達しました。債権担保は、厚生労働省に出す請求書を担保として資金を融資してもらう方法です。生産能力については、京都府や福井県などに足を延ばして協力工場を探しました。医療用ですのでB級品は出せません。ガウンの質に問題があれば医療従事者の健康や命にも関わります。そのため、材料会社に技術力がある工場を紹介してもらい、各工場では自分の目で品質を確認しました。そのような地道な準備をして、この工場には30万枚、この工場では20万枚といった割り振りを行い、無事に１００万枚のガウンを納めることができたのです。

さらに、ここで実績ができた私たちは、次は入札公募でガウン生産を受注します。すでに生産体制はできていたので、追加生産は比較的簡単です。最終的には合計２７０万着の受注があり、全国の30工場でガウンを作ることになったのです。

納期があり、B級品を出せないプレッシャーもあり、過去最大額の借り入れをする不安もありました。しかし、全国を駆けずり回った嵐のような日々を振り返ると、その価値は十分にあったと思います。国や県の担当者は喜び、医療機関も喜びました。協力してもらった工場もコロナ禍で仕事が激減していたので、彼らにも喜ばれました。会社としても設立以来最大の売上になり、入社当初から目指し続けてきた会社の発展の大きなきっかけができましたし、私や従業員にとっても貴重な経験になりました。そもそもの発端は何だったかというと、山梨県の中学生の行動です。あの話がなければ主体変容はできませんでした。コロナ禍というピンチはピンチのまま終わっていたと思います。

人のために仕事をする、社会の役に立つといったことはよく言いますし耳にもしますが、その見返りがどれだけ大きいかということを私たちはこの出来事を通じて学ぶことができたのです。

「いいやつ」が未来をつくる

マスクとガウンの生産という嵐のような経験を経て、気づいたことが2つあります。1つは、今の若い人たちはいいやつが多いということです。これは少し前からなんとなく感じていたことでした。自分の息子もそうなのですが、他人に優しく、環境のことも考え、自分が成功することよりも周りと一緒に成功していくことを望むといった印象があり、自分がハタチ前後だったときと比べていい人が多いように感じていました。今回の件を通じて、それは私の勘違いではなく、彼らがいい人を装っているわけでもなく、本当にいい人なのだなと分かりました。もちろんそれはよいことであり、会社としてはいい人が活躍でき、評価される場にしていかなければならないとも思いました。マスク作りに賛同し、自らの意志で出社してくれたのは彼らです。ガウン生産の激務に耐え、何百万着というガウンを作りだしてくれたのも彼らです。

私やそれ以上の世代の人たちに比べて、彼らは人の役に立ちたい、社会に貢献したいという気持ちを強くもっています。それはおそらく承認欲求の時代といわれることとも関係し、誰かに喜ばれたり、喜んでもらうことで自分の価値を認めたりすることの重要性が増しているのだと思うのです。

もう一段上の視点から見ると、これからの世の中をつくっていくのは彼らのようないい人であり、いい人が増え、楽しい人生を過ごせるようになることが、世の中をよくしていくことなのだとも思います。

私やさらに上の世代では、今どきの若い人は欲が足りない、もっとギラギラと積極的に生きたほうがいいなどという人がいます。私の父もそう言います。世間では若者のなんとか離れといって、車を買わない、ブランド物をもたない、お酒を飲まない、グルメに関心がないといったことを批判する論調もあります。

しかし、先輩世代にもの申すのは失礼ですが、それは彼らや時代を分かってない発言だと思います。彼らが贅沢をしないのは、贅沢したいという気持ちより誰かの役に立ちたいという気持ちのほうが強いからです。有形のものよりも無形のものに価値を感じやすいのかもしれません。

ただ、物欲や消費欲はないかもしれませんが承認欲求はあります。その違いを理解することが重要だと思うのです。

また、欲をもつことが悪いこととはいいませんが、物欲や消費欲が行き過ぎて、世の中全体が利己的に傾いたことが現代の環境課題などに結び付いたという歴史も踏まえておく必要があります。価値観は人それぞれですので、たくさん稼ぎ、たくさん使うのもよいのですが、ひと昔前と比べて、そういう大人に憧れる人は減っています。経営ではここが大事で、利己的に稼ぐ会社よりも他人の利益やカスタマーサクセスに貢献する利他的な会社のほうがこれからの時代は選ばれると思います。人が減っている今後の日本では特に、そういう会社にならないと従業員が確保できなくなるのです。

せこい経営からの脱却

マスクとガウンの生産によって気づいた2つ目のことは、自分の考えがせこかったということです。私はこれまで会社の再建に主眼を置いて取り組んできました。おかげで業績は回復傾向に変わりました。しかし、自分が見ていた範囲は会社だけです。マスクとガウンの取り組みでは、中学生が地域の高齢者に目を向け、医療事業者が国内全体の患者に目を向けて取り組んでいることを知りました。その視野の広さ、視座の高さと自分を比べてみたときに、自分の小ささを感じ、社会に評価される会社経営はせこかったらダメだと思ったのです。

言い換えれば、視野と視座を変えて経営を考えれば、スケールの大きな取り組みができるようになるということです。業績が悪い会社はどうしても目先の利益に目が向きます。そのせいで、せこくなります。実体験として、それはよく分かります。しかし、社会のため、人のためといった思いが強ければ、目先のことだけでなく、周りの困りごとや課題にも目が向く可能性が高くなります。

経営の世界を見渡してみると、例えば、私が尊敬する稲盛和夫さんは、京セラの設立から始まり日本航空の再生など非常にスケールが大きい仕事を成し遂げてきました。ソフトバンクグループの孫 正義さんはブロードバンドを広めるという志を掲げて、同じようにスケールの大きな仕事を成し遂げました。

経営者は、そのような大きな目標を掲げることが求められますし、大きな目標は、目標達成に向けて当人の行動が伴うことで、周りの人の共感を得て、協力者や支援者が増えると思います。例えるなら、天竺を目指して旅をする三蔵法師に、孫悟空、猪八戒、沙悟浄がお供するようなものです。大きな目標があり、その目標が高貴であるからお供がつきます。三蔵法師がお金持ちになりたいから旅をするといったらお供は付きません。その点でも、せこい自分とは決別しなければなりません。それも主体変容ですし、自分の過去を振り返ってみても、うまくいっていないときは利己的になっていたり視野が狭くなっていたりすることが多く、自分だけのためではなく、誰かのため、社会のためになる大きな目標をもって経営することが大事だと思うのです。

大事なことは言語化する

鉄は熱いうちに打て、といいます。マスクとガウンの仕事が一段落し、誰かのために仕事をする大切さや喜びを私たち全員が実感している今こそ、私は会社の理念をつくるタイミングだと思いました。

実は、私が入社したときに会社には理念がありました。夢、若さ、感謝を大切にする、といった内容の理念です。ただ、従業員のなかで理念の意味や価値を理解している人はほとんどいません。たまに朝礼などで全員で唱和するくらいで、その意味を深掘りしたり理念と日々の仕事を結び付けて考えたりするようなこともありませんでした。

夢、若さ、感謝も大事です。理念そのものはいいことをいっていたと思います。ただ、従業員は白けているように感じられました。夢や若さという言葉に青臭さがあったのかもしれませんし、感謝という言葉が照れ臭かったのかもしれません。それでは理念を掲げる意味がありません。理念をつくるなら、その意味を理解してもらう必要があります。理念は、基本的には会社の思いやあり方を示すものですので、それらが日々の仕事にまで反映されて、ようやく理念は意味をもつのだと思います。

また、理念は必ずしもが先に存在するものではないと思います。マスクとガウンの仕事がまさにそうです。必死に取り組み、貴重な学びを得たときに、その内容を言語化して、会社のあり方として定着させていくという使い方もあると思います。

私はその方法で理念を再構築しようと考えました。注文が殺到するなか、厳しい納期に対応し続けた様子、生産性と品質にこだわって一致団結して取り組んだこと、その結果として社会に貢献できたこと、自分たちの仕事が社会にとって重要な仕事であると認識できたことなどを踏まえて、社会に貢献することが会社の使命であるということを従業員に向けて分かりやすい言葉で理念として掲げようと考えたのです。

社会の役に立つ人をつくる

理念が会社のあり方を示すものだとすれば、社会にも従業員にも知っておいてもらいたいことはいくつかあります。そのなかでも重要だと思うのは、私たちは社会に貢献する会社になりたいということ、そして、私たちはものづくりを生業としていますが、その根底には人の育成があり、心を育てる会社であるということです。

社会に貢献するという点は、まさに今だからこそ従業員の心に強く響くだろうと思います。彼らはマスクとガウンを作るという仕事を通じて、自分たちの仕事にどんな価値があるのかを理解したばかりだからです。

価値を感じることにはやる気が湧き、一生懸命になります。行動は感情に影響されるので、やる気が高まることで通常時にはない行動のエネルギーが生まれます。マスクとガウンの仕事のときは、かつてないスピードでかつてない量の製品が出来上がっていきました。特にガウンは、私ですら無理かもしれないと考えた量でしたが、あれだけの枚数を短期間に作ったことは従業員にとっても自信になったと思います。

人づくりと心を育てるという言葉も、職場に居心地の良さを感じている従業員に響くだろうと思います。環境は人を変えます。今の職場には相手を思いやり、支える気持ちを醸成する風土があり、それは社会の役に立つという気持ちにも結び付きます。

良い環境で働いている人はやる気が高まり、成果も出やすくなります。また、仮に期待どおりの成果が出なかったとしても、信頼できる仲間と取り組んだ過程は高い満足感を生みます。私はそういう良質な関係性とコミュニケーションを生み出すコミュニティのような会社をつくりたいと思っています。従業員にもそのような職場で働くことの喜びと、一緒に環境を良くしていく意欲をもってもらいたいと思い、人づくりと心を育てるという言葉を掲げたいと考えました。

理念をもつことは、経営に携わる私自身にとっても重要なことだと思います。例えば、社会に貢献するという言語化された目的がないと、どうしても利己的な経営に傾きやすくなります。自分の会社さえ良ければよいという考え方になってしまうと思うのです。

短期的にはそれでうまくいくかもしれません。しかし、私たちの会社のように、設立から約半世紀が経ち、次の半世紀も存在し続けていこうと中長期で考える場合、利己的なままでは人も仕事も協力者もついてこないはずなのです。

時代が変われば「ありたい姿」も変わる

理念は、自分の頭のなかにある理想の姿やありたい姿のイメージを言語化し、その言葉によって人から応援されたり従業員が一つにまとまったりしていくものだと思います。ただ、イメージは変わるものです。例えば、会社を大きくしたい、シェアを伸ばしたい、知名度を上げたいと思っていた人が、あるときから従業員がいきいき働ける会社にしたい、地域の自慢になるような会社にしたいと思うようになるかもしれません。そう考えると、理念はその時々で変わってもよいと私は思います。

また、外部環境によって理想のあり方や考え方が変わることもあります。例えば、コロナ禍は人々の生活様式や価値観を大きく変えるきっかけになりました。

歴史には幾度となくそのような大きな変化が起きることがあり、例えば、明治維新を境に武士の社会は近代国家を目指す社会になりました。戦争や大きな災害なども同じで、その前後で価値観が変われば、新しい時代に合わせて会社のあり方や働く目的なども見直し、再定義する必要があると思うのです。

その点で重要だと思うのは、大きな変化が起きた場合、変化以前の世の中には完全には戻らなくなるということです。コロナ禍による変化を例にすると、例えば、百貨店で買い物をする人がＥＣサイトで買うようになりました。コロナ禍が収まればまた百貨店で買う人も一定数はいると思いますが、一部の人はＥＣサイトのほうが便利と感じ、戻らなくなります。居酒屋で飲んでいた人も、家飲みのほうがラクだと感じたら戻らなくなります。デリバリーやテイクアウトが便利だと感じた人は、店内で食べる回数が減ります。動画配信に慣れた人はテレビを見なくなります。その割合がどれくらいかは差がありますが、変化をもたらした出来事を境にして、元の世の中に完全に戻ることはないのです。

世の中が変われば、当然ニーズも変わります。魅力あるテレビ番組を通じてお茶の間に幸せを届けることが理念だった場合、テレビを見る人が減ったり家族が集う機会が減ったりすれば、その理念で幸せを届けることはできなくなります。そうなると、理念のあり方を見直さなければならないわけです。

自分と従業員に主体変容を求めた第一の改革のときから、人は時代の変化に合わせて常に変わっていく必要があると思っています。また、今の自分を変えるだけではなく、どういう人を目指し、どんなふうに生きていきたいのかというイメージも時代に合わせて変える必要があり、それは会社でいえば理念を見直し、変えていくことだと思うのです。

理念は知行合一が重要

経営論などを学んでいる人から見れば、その考えは間違っているかもしれませんし、理念は一回つくったらコロコロ変えるものではないと思うかもしれません。

しかし、私は理念にこだわって固執するよりも時代の変化に合わせて変えてもよく、むしろそれが変化に対応していく姿勢であり覚悟でもあると思います。また、かつて私たちの会社が掲げていた理念のように、誰の心にも響かず、意味もよく理解されていない理念を長々と掲げておくのであれば、たまにお手入れ感覚で内容を見直し、必要に応じて言葉を磨き、時には大胆に書き換えて、理念を新鮮に保つことのほうが大事だとも思います。

また、理念は掲げることではなく浸透させることが重要です。例えば、世のため人のためを理念に掲げている会社が、経営方針が変わり、業界ナンバーワンのシェアを取ることに力を入れ始めたとしたら、従業員は自分たちが何を期待され、どんな行動をすればよいのか分からなくなるのです。

理念だけが崇高で実態が伴っていないケースも同じです。他者を幸せにすることを理念に掲げていながら、実態としては利己的な儲け主義に走っている会社だったとしたら、その瞬間から理念は浸透しなくなり、ただのお飾りになります。理念が浸透するということは日々の仕事が理念を反映したものになっているということです。そこにズレがあってはいけませんし、理念を掲げる経営層は特に、理念が示す自分たちのあり方と自分の日々の行動が知行合一、つまり一体化していなければならないと思います。

そのような点からも、今の理念は果たして自分たちが目指す姿を指し示しているのか、今の自分たちの仕事は理念に合致しているかを定期的に見直し、必要に応じて修正や改善をすることが大事だと思います。

私は現時点では、社会に貢献することと、人づくりをすることが会社のありたい姿であると思っていますが、もしかしたら数年後には、従業員から社会貢献の気持ちはすでに従業員に浸透していて、人づくりの意識は十分に伝わったといわれるかもしれません。そうなったときは、会社が今よりも一段成長したということです。そのときにはまた新たな理念を考え、会社の価値や経営の視座が上がっていくとともに、その都度、理念が進化していくことも自然なのだと思っています。

第6章

社員一人ひとりに〝セルフマネジメント〟の文化が浸透すれば倒産寸前の赤字企業でも再建できる

自走する組織をつくるために

債務超過の解消から始まった会社の再生の取り組みは、コロナ禍という史上最大のピンチを会社史上最大のチャンスに変えることによって乗り越え、会社を発展させる取り組みに結び付きました。

改革を始めたのは私です。鳴かず飛ばずのお好み焼き屋でくすぶっていた自分を変えて、仕事内容、従業員の意識、組織体系などを変えようと取り組みました。斜陽の極みのような業界を生き残っていくためにありったけの力と知見を注いで会社を変えていこうと思いました。

ただ、それはたまたま私が主導者の立場であっただけで、会社そのものを変えたのは従業員だと思っています。従業員も主体変容で意識を変えました。従業員が居心地良く感じる環境と社風をつくりだし、会社の未来のためにアイデアを出して行動してきたのです。特にコロナ禍の大ピンチは彼らの力がなければチャンスにできなかったと思います。

これは大きな変化です。「企業は人なり」という言葉があるように、いくら社長が旗を振っても従業員が変わらなければ会社は変わりません。彼らが自立し、成長に向けた自己管理を行い、お互いを支え合うことによってようやく会社は自走し始めたのです。

その過程のなかで会社が果たす役割は、従業員ファーストの環境をつくることに尽きると思います。従業員の声を聞き、語り掛け、彼らが何を望み、どう生きたいのかを理解することによって、彼らのやる気は高まり、それがパフォーマンスの向上につながっていきます。

このような働きかけを心理学ではストロークといいます。ストロークは、愛情を伴う働きかけによって相手に刺激を与え、相手の存在や価値を認めることで、会話をしたり褒めたりすることのほか、母親が赤ちゃんを撫でたり、抱きしめたりすることもストロークの一部です。

私は意識改革以降の従業員との接し方において、常にストロークを意識してきました。承認欲求を満たすことも、新人に技術を教えることも、忙しいときに励ますことも、すべての働きかけで愛情を伝えてきました。その積み重ねによって彼らの意識が変わり、行動が変わっていったのです。

愛情ある働きかけが重要

ストロークは相手をやる気にさせます。自らを変えて誰かのために頑張ろうという気持ちを生み出します。例を1つ挙げると、まだ債務超過の解消に取り組んでいた頃、ある女性が入社しました。彼女は心理的に弱い部分があったようで、入社して3カ月くらい経った頃に突然会社を休むようになったのです。

連絡してみると、しばらく休ませてほしいと彼女はいいます。何か嫌なことがあったのかなと考えつつ、とりあえずしばらく休むことになったのです。

その後、再び会社に戻ってきましたが、数日経つとまた休んでしまいます。さすがに心配になった私は大丈夫かどうか連絡しましたが、彼女からは「大丈夫です」「休ませてください」とLINEが来ただけでした。その後も同じようなことが続き、たまに出てきては、また来なくなるというような状態になりました。

私はどう接していいか迷いました。周りは身勝手に休む彼女に不満を募らせ、とうとうクビにしたらどうかと言い出す人も現れました。

クビにすることもできますが、私はちょっと待ってほしいと従業員たちに伝え、どうにかして彼女が抱えている問題を解決したいと考えました。

詳しく話を聞いてみると、どうやら複雑な家庭環境に原因があると分かりました。親から十分な愛情を受けることができず、そのせいで精神疾患に近い状態になっていたのです。私は精神疾患などに関する本などを読み、対処法を考えました。

また、出社しているときも休んでいるときも細かく彼女に声を掛けて、会社は彼女にとって安心できる場であることを伝えるようにしました。彼女は一人暮らしで、休みが多いためお金がありません。あるときは私の家から使っていない炊飯器とお米を持っていき、休みが長く続いたときはスーパーで食材を買って持っていったこともありました。

会社は彼女を大事に思っています。支えようとしています。そのことを伝えようと思い、なるべく接点を増やしたのです。

そのような働きかけを積み重ねていくうちに、彼女の出社回数が増えていきました。気づけば休む日も減り、他の従業員と同じように普通に働くようになりました。ある日、雑談をしているときに「私、この会社で頑張ります」と彼女が言いました。私は無理せずに来られるときに来たらよいと言いましたが、彼女は本当にここで頑張りたいと力強く答えたのです。

会社の考えを行動によって見せる

それから数年が経ちますが、彼女は今も私たちと一緒に働いています。技術も身につき、新人に教える役割も果たしてくれています。

振り返ってみれば、一人の社員にそこまで寄り添うのは会社としてはあまり良くないことだと思います。特別扱いになりますし、そのせいで周りの従業員が不公平だと感じてしまいます。

しかし、私は問題を抱えている従業員を簡単にクビにするような会社にはしたくありませんでした。誰かが困っていれば、周りがその人を気遣い、率先して支えてあげるような環境を理想としていたのです。

この出来事を経て、私は従業員ファーストで社員にきちんと寄り添い、心理的安全性を定着させることが大事なのだと実感しました。また、会社は常に従業員の味方であり、従業員を守ることが会社の責任であるという考えを行動によって示すことで、他の人にもその思いが伝わり、従業員の気持ちや考えも変わっていくと分かりました。彼女が休みがちだった頃はクビにしたらどうかといっていた人も、今は彼女と楽しく働いています。会社が従業員ファーストで考えていると伝わったことで、不公平だと思わなくなり、自分も彼女を支える側になりたいと思うようになったのです。

当時はストロークという言葉を知りませんでしたが、愛情をもって接し続ければ相手は必ず心を開いてくれます。心理的な問題で自分をうまく管理できない状態の人でも、誰かが寄り添い、この人にもいいところが必ずある、できることがたくさんあると信じることで、人は変わることができ、成長できます。

抽象的な表現になりますが、ストロークによって相手の心には栄養がたまります。愛情がたまってくれれば周りの人にも目が向くようになり、誰かに心を許せるようになり、期待に応えよう、自分も誰かのために何かしようという気持ちが芽生えやすくなります。

私一人が従業員全員に働きかけるのには限界がありますが、上司と部下、従業員同士といった間柄でもそれができるようになれば、その組織は必ず自走します。

そのためにも、まずは会社が見本になることが大事です。会社が従業員ファーストで取り組めば、この会社は従業員ファーストで行動するのが普通なのだなと理解され、それが社風になり、やがて従業員全員が周りに寄り添える人になります。

従業員ファーストの考えが理解できない人は居心地が悪くなり、自分も従業員ファーストになるか、なれなければ自然と辞めていきます。辞める人が現れるのは私としては寂しいですが、価値観は人それぞれですから仕方がないことともいえます。会社は、会社としてありたい姿を自ら実践し、その行動を見せることによって従業員の考え方や行動を変えていくことが重要なのです。

相手が喜ぶ言動を見つけ出す

ストロークで一つ注意が必要なのは、上辺のコミュニケーションではなく、相手のことを真剣に大事だと思う気持ちが伴っていなければならないということです。相手を思う気持ちで行動することが大前提で、テクニックとして単に声を掛けたりするだけでは相手の心には響きません。夫婦間では、怒っている妻にとりあえず花を買って行き、「花をあげれば私の機嫌が直ると思っているのでしょう」と余計に怒りが増してしまうケースがあります。ストロークは愛情をもって相手の存在や価値を認めることであるという原理原則を踏まえないと、何を言っても相手には届かず、かえって信頼を損ねることもあるのです。

その点さえ外さなければ、ストロークとしてできることはいくつもあります。例えば、笑顔で挨拶をするのもストロークです。もう一歩踏み込むなら、一日の最後に「今日一日どうだった?」と聞くことができます。

今日一日の感想として、良かったこととうまくいかなかった反省点を聞くのもよいと思います。良かった点についてはすごいなあ、よく頑張ったなあと褒めることができますし、さらに一歩踏み込んで、なんで良かったと思ったのか、どういう気持ちだったかなどと掘り下げて聞くこともできます。反省点に関しても、原因はなんだと思うか聞くことができます。そのような会話の積み重ねにより、相手は自分の話を聞いてくれると実感しますし、信頼関係もできていきます。

また、反省点の理由を聞くことで、相手は自分の言葉で表現し、自分で改善点を考えるようになります。これは自立という点で大事なポイントです。

また、いろいろな角度から会話や質問を繰り返していくと、相手が喜ぶ言葉も分かってきます。褒めるにしても、「すごいね」と「頑張ってるなあ」とでは相手が受ける印象が異なりますし、人にはそれぞれ、こんなふうに褒められたい、ここを評価してほしいといった喜ぶポイントがあります。これはストロークのなかでもプラチナストロークといわれるものです。それが分かることで相手との会話はさらに弾むようになり、もっと褒められたい、そのために頑張ろうという気力も高まりやすくなるのです。

自己効力感を高める

従業員ファーストを掲げる私自身は、もともとはわがままで、どちらかといえば自分本位に考えることが多いタイプでした。ただ、起業して2度失敗したり、家業に入って改革に取り組んだりしてきたなかで、その思考は変わっていったと思っています。

その根底にあるのは勉強です。例えば、私は経営の神様と呼ばれる稲盛和夫さんの本をよく読みますし、今の会社の重要なキーワードである利他の心についても稲盛さんの本から学びました。また、勉強する過程ではさまざまなセミナーにも参加し、そのなかでは、原田教育研究所の原田隆史さんとの出会いがあり、愛情は相手に届くこと、相手を認めることが大事であることなど、私が漠然と理解してきた人づくりのポイントを体系立てて整理することができました。

自走する組織づくりでは従業員の自己効力感を高めることが大事だと分かったのも勉強があったからです。会社の再建では、従業員の意識改革や新人の育成などの点で自己効力感を高めることを意識してきました。これも従業員の自立を促進する大事な要素です。

例えば、新人は技術がないので、どんな作業でも最初は不安です。自分にできるだろうか、失敗したらどうしようといった不安が生まれ、自分にはできるはず、という自己効力感が大きく低下します。その結果、仕事がつまらなくなり辞めてしまうこともあるのです。

自己効力感で重要なのは、できるかどうかという結果ではありません。できそうだ、と本人が思えるかどうかです。分かりやすい例が「はじめてのおつかい」です。あの番組に出る子どもたちは、自分にはできると思っておつかいに出ます。たまに不安で泣く子もいますが、親が「大丈夫」「できる」と励ますことによって、自分にはできるという気持ちが芽生え、堂々とおつかいに行けるようになります。

大事なのはこの積極性と挑戦意欲で、その根底には自己効力感があります。仕事も同じで、十分に準備した人は明日のプレゼンはうまくいくと思えますし、君ならできると励まされた人も前向きにプレゼンに臨むことができます。スポーツなら、たくさん練習するほど自己効力感が高まり、監督やチームメイトや観客の応援も自己効力感を高めます。

結果がうまくいけば、さらに自己効力感が高まり、自信もつきます。未経験の新人に縫製を教える過程などは、まずは私が見て新人でもできそうな作業をしてもらい、できそうだと感じてもらって自己効力感を高め、できたときに自信がつき、その繰り返しによって徐々に難しい作業に挑戦してもらうという仕組みです。このサイクルが定着すると、次は自ら難しい作業に挑戦してみようという気持ちになります。つまり、作業を与えられる立場から探して挑戦する立場に変わり、自立し始めるのです。

規則の押し付けが成長を邪魔する

自立を促すエネルギー源としては、いかにやる気を生み出させるかも重要です。やる気がある人は積極性が高まり、行動する力も学習意欲も高まります。仕事で何か分からないことがあったときに、やる気がある人は分かる人に聞きにいって学びますし、やる気がなければ放置します。この差の積み重ねがパフォーマンスの差になり、できる人とできない人の差を広げるのです。

そのことを学んだのはファストフード店で店長をしていたときです。当時、アルバイトにくる人たちはほとんどが高校生で、アルバイト経験がない人もたくさんいました。つまり、接客や調理のスキルがないばかりか社会経験もない状態で仕事をします。

言い方を換えれば、伸び代はいくらでもありますから教え方次第でどんどん成長します。私は店長の立場でどうやって教えるのがよいか考え、そのときにやる気を高めることが最良の成長促進剤になると考えたのです。

一方で、社会経験がありませんので仕事に取り組む意識は未熟です。学校や部活の延長のように考えている人もいます。教え方を間違えればやる気を損ない、身だしなみが悪くなったり接客や素行が悪くなったりしてしまいます。これを防ぐのもやる気だと思います。人は感情に左右される生き物であるため、学んだり成長したりするエネルギーになるやる気を高めることが店長に求められる役割なのです。

その当時に学んだ言葉で、モラルとモラールという言葉があります。モラルは倫理や道徳を表す言葉で、飲食店などでは店のルールを守ることがモラルに相当します。一方のモラールは労働意欲を表す言葉で、つまりやる気です。

アルバイトの教育がうまくない店長は、モラルを優先して教育しようと考えます。丁寧に挨拶する、身だしなみを整える、時間を守るといったことを徹底し、アルバイトの実力を伸ばそうとします。できてない点があればきちんと守るようにと指導します。すると、ほとんどの人はやる気が低下します。その結果、遅刻が増えたり身だしなみがさらに乱れたりして店の評価が下がっていくのです。

一方、教育がうまい店長は、他愛のないことを語り掛けて居心地が良い雰囲気をつくったり、頑張っているねと声を掛けてアルバイトの承認欲求を満たしたりしながら、やる気を高める働きかけをします。すると、アルバイトは店長に対して信頼感をもつようになり、期待に応えようと考えます。どうすれば店長に認められるだろうか、店の戦力になるには自分は何をしたらいいだろうかなどと自発的に考え、自立的に行動するようになり、自然とルールも守るようになるのです。

これは子どもの教育を考えてみれば分かりやすいかもしれません。勉強しなさいと言われて素直に勉強を始める子どもはほとんどいません。しかし、親子の信頼関係ができていると子どもは何も言われなくても勉強を始めるようになります。もっと褒めてもらいたいと思い、進んでお手伝いもします。お手伝いしてくれたときにありがとうと感謝すれば、自分のことを見てくれている、ちゃんと褒めてくれるという信頼感がさらに高まります。

つまり、ルールを守るというモラルの改善を考えるなら、やる気を意味するモラールが大事だということです。これは職場でも同じで、承認欲求を満たし、褒めるところをしっかり褒めることによって、やる気を高めることが自立につながっていくのです。

褒めるだけでは不十分

やる気を高める育成は、褒める教育と似ている部分があります。しかし、異なる点が2つあります。

1つは目線の違いです。褒めるのは、普通は立場が上の人が下の人にすることです。例えば、子どもや新人や高校生のアルバイトのように相手が明らかに下の立場であれば上から褒めることで結果的に相手のやる気が高まることがあります。しかしやる気を高める育成の場合、立場は関係ありません。例えば、自分より年上のベテランに「すごいですね」「頼りになります」と声を掛けてやる気を高めることもできます。

ちなみに、褒めることも相手を認める行為で、ストロークの一種です。そのため、そこには愛情が伴っていることが大事で、やみくもに褒めてもやる気は高まりません。相手がどこを見ていてほしいか、何を褒めてほしいかが分かっていないと、自分のことを全然見ていない、全然分かっていないと思われ、かえって信頼関係を悪くすることがあります。

2つ目の違いは、やる気はできていない点を指摘することなどによっても高まることがあるという点です。これは一般的にはフィードバックと呼ばれる行為で、褒める教育にはフィードバックがありません。良い面は褒め、悪い面は放ったらかしにするため、やる気を高める効果も半減してしまいます。また、教育という視点でいうと、むしろ大事なのはできていないことを改善することです。そのため、褒めるだけの人は相手を甘やかしてしまうこともあり、そのせいで自立や成長を妨げてしまうこともあります。

教育がうまい人は両方を使いこなします。褒める場合は相手が何を褒めてほしいかを見極めてから褒めますし、フィードバックする場合もまずは相手がどんな努力をしたか認めたうえで、相手にもっと成長してほしいという期待と愛情をもって、できていないところを指摘します。例えば、努力したことを褒め、相手の承認欲求を満たしたうえで、「次のステップに上がるためにひとつ挑戦してみてほしいことがある」「じゃあ、次の課題は何か一緒に考えようか」「俺はこうしたほうがいいと思うんやけど、どう思う?」といった具合に、引き続き相手を承認しながら指摘をするわけです。ただフィードバックするだけでは相手は一生懸命やったことを認めてもらえなかったと感じてしまいます。そのため傷つきますし、自信を失うこともあります。そう考えると、褒めることよりもフィードバックのほうが難易度は高く、うまくフィードバックできるようになると相手のやる気が高まり、成長のスピードも速くなります。

成功のポイントは失敗から学べる

経営者やリーダー層の勉強では、従業員の育成と同様にフィードバックも重要です。プロ野球のスター選手で名監督でもあった野村克也氏が生前によく言っていたのは「勝ちに不思議の勝ちあり、負けに不思議の負けなし」という言葉です。うまくいくときは運でうまくいくことがありますが、負けるときに不運はなく、必ず原因があるという意味です。

経営の施策は常にうまくいくわけではないので、失敗したときにその原因を追及する必要があります。原因の追及をしない人は再び同じ失敗をします。原因の分析が甘かったり、分かったつもりになっていたり、原因を誤認する人も高確率で同じ失敗をします。失敗を気にしない楽天家で、これがダメなら次に挑戦と考える人も、同じ失敗を繰り返すタイプといえます。それを避けるための追及がフィードバックであり、経営において重要なポイントだと思います。

私自信の過去を振り返ってみても、パソコンサービスの会社を経営していたときは理念がなく、仲間との人間関係を構築できていませんでした。お好み焼き屋のときは慎重さがなく、例えば、出店場所についても深く調査しませんでしたし、やる気が低下したときに回復する術も分かりませんでした。

今の会社ではそのような経験を踏まえて改革を進めました。だから人間関係が良い環境で、やる気を高く維持しながら仕事ができています。失敗は苦い経験ですが、次の挑戦に進んでいく際には重要な学びであり、それを活かすかどうかが大事なのです。おそらくですが、パソコンサービスの会社もお好み焼き屋も、今やればうまくいくと思います。どこでつまずき、どこで落とし穴に落ちたか身をもって経験しているため、2回目の挑戦ではそれを避けることができるはずなのです。逆にいうと、そのような示唆がない成功体験は、自信を高めたり自己肯定感を高めたりすることに役立ちますが、何も学べないということです。

また、失敗すると心理的ショックを受けて、次の挑戦をためらってしまう人がいますが、真の原因が分かればショックから立ち直ることができます。真の原因を知ることによって次は失敗しない自信が生まれるため、前向きに再出発する気持ちになれるのです。

ただ、自分で何度も失敗するのはリスクがあるので、他人の失敗を自分ごととしてとらえて、原因を考えてみたり、自分だったらどうするかと対策を練ってみたりするのがよいかもしれません。ニュースを見ているだけでもあらゆるタイプの失敗を知ることができます。それらを題材にすれば自分が失敗する可能性は低くできます。

世の中には成功体験から学ぼうとする人も多いのですが、本当に役立つのは失敗体験であり、原因が分かったらほぼ解決策が出ます。自分はもちろん、リーダー層にも自分で自分の失敗を究明するセルフフィードバックを習慣づければ、会社全体の失敗リスクが低くなり、持続的に発展する会社に変わっていけるだろうと思います。

おわりに

長く厳しい戦いでした。今の会社に入社したとき、私は35歳で、すでに事業で2度失敗していました。コネもキャリアもなく、会社員として人生を立て直すにはぎりぎりの年齢ですから、家業に入れば会社員になる道は断たれます。そのことを覚悟し、私は経営者になる夢と「3度目の正直」という言葉にすがるようにして、人生を懸けました。

本書のタイトルにあるとおり、まさに9回2アウトで打席に立っている状態でした。しかも、状況は最悪です。入社した会社は債務超過で、借金返済のために借金をしている状態でした。これで1ストライクです。その後、がむしゃらに改革を突き進めますが、２０２０年にコロナ禍となり売上が激減します。これで2ストライク。完全に追い込まれました。空振りでも凡打でも試合終了です。

そこからどうにかヒット（ホームランだとは思っていません）を打てたのは、主体変容してコロナ禍を駆けずり回ってくれた従業員たちのおかげだと思っています。入社してからずっと走り続けてきたなかで、私はともに支え合い、助け合える貴重な仲間を手に入れていたのです。

一方で、私はもう1つ貴重なものを手に入れました。それは「自分は教育が好きだった」という気づきです。この気づきをきっかけとして、私は経営者のための塾をつくることにしました。塾というよりはコミュニティといったほうが正確かもしれません。

経営者それぞれの経営課題を解決したり、新規事業の創出といった新たな発展を実現したりしていくために、参加者である塾生が知見と経験を持ち寄り、相互扶助の考えで一緒に成長していく場です。私も自らの経験を通じて学んだことや発見したことを共有し、理念構築、目標設定、事業計画の策定などに関するノウハウを提供します。

経営の理論やノウハウなどは、書店に行けばビジネス書がたくさんありますし、今は情報化社会ですからインターネットで調べるだけでも簡単に分かります。

しかし、私は経営の実践者が情報を提供し、共有することに価値があると思っています。特に私は短期間で事業を2度も失敗しているという珍しい経験をもちますから、なぜ失敗したか、そこで何を学んだか、教訓は何か、どうやって変わったかといったことを実践者の立場で泥臭く伝えることができ、そこにこそ経営に本当に生きる学びがあると思っているのです。

また、私は手探りで会社を再建してきたため、債務超過の状態から抜け出すまでに7年の年月が掛かりました。もし近くに相談できたり意見をもらえたりする経営者がいれば、また、意見交換ができる学びの場があれば、7年は5年、またはもっと短くできただろうと思っています。

そう思ったことも塾をつくろうと思ったきっかけの一つです。「そういう場が10年前にあったらなあ」「あったらきっと入っていただろうなあ」と考え、最短距離での課題解決に役立つコミュニティをつくろうと思ったのです。また現在、これまでのキャリアで培った経営ノウハウなどを教える無料のメルマガを配信しています。左ページの二次元コードから登録できます。

最後になりますが、日本には特徴をもった中小企業がたくさんあります。そのなかには、かつての私たちのように固定観念にとらわれていたり、時代の変化に置いていかれそうになっていたりする会社も数多くあります。そのような会社が再建できれば、会社も従業員も地域も日本も再び輝き始めるというのが私の考えです。50年、100年と続く強い会社が増え、若い世代やさらに若い子どもたちが未来に希望をもてる環境に変えていくことが私の志です。

これからも常に挑戦者の気持ちをもち、時代に合わせた変化を繰り返し、未来を変えたいと考えている経営者たちと支え合いながら、最後の一球までフルスイングしていきたいと思っています。最後まで読んでいただき、ありがとうございます。

2023年3月吉日

河村厚志

【著者プロフィール】

河村厚志（かわむら・あつし）

1977年大阪府生まれ。1998年大阪産業大学経営学部卒、日本マクドナルドフランチャイジー株式会社大樹に就職し、歴代最年少で店長に就任。その後独立して30代で会社を2社立ち上げるものの失敗。2012年、家業の縫製工場に入社。2015年、株式会社リビエール代表取締役社長に就任。倒産寸前の危機からV字回復させる。株式会社原田教育研究所の原田メソッド認定パートナー。自分の経験をもとにビジネス教育を行う河村塾を開校。2025年秋、ビジネス教育事業スタート予定。

メルマガ登録はコチラ

本書についての
ご意見・ご感想はコチラ

「九回二死からの逆転」
赤字家業の再生物語

2023年3月20日　第1刷発行

著　者　　河村厚志
発行人　　久保田貴幸

発行元　　株式会社 幻冬舎メディアコンサルティング
〒151-0051　東京都渋谷区千駄ヶ谷4-9-7
電話　03-5411-6440（編集）

発売元　　株式会社 幻冬舎
〒151-0051　東京都渋谷区千駄ヶ谷4-9-7
電話　03-5411-6222（営業）

印刷・製本　中央精版印刷株式会社
装　丁　　弓田和則

検印廃止

Printed in Japan
ISBN 978-4-344-94179-3 C0034
幻冬舎メディアコンサルティングＨＰ
https://www.gentosha-mc.com/